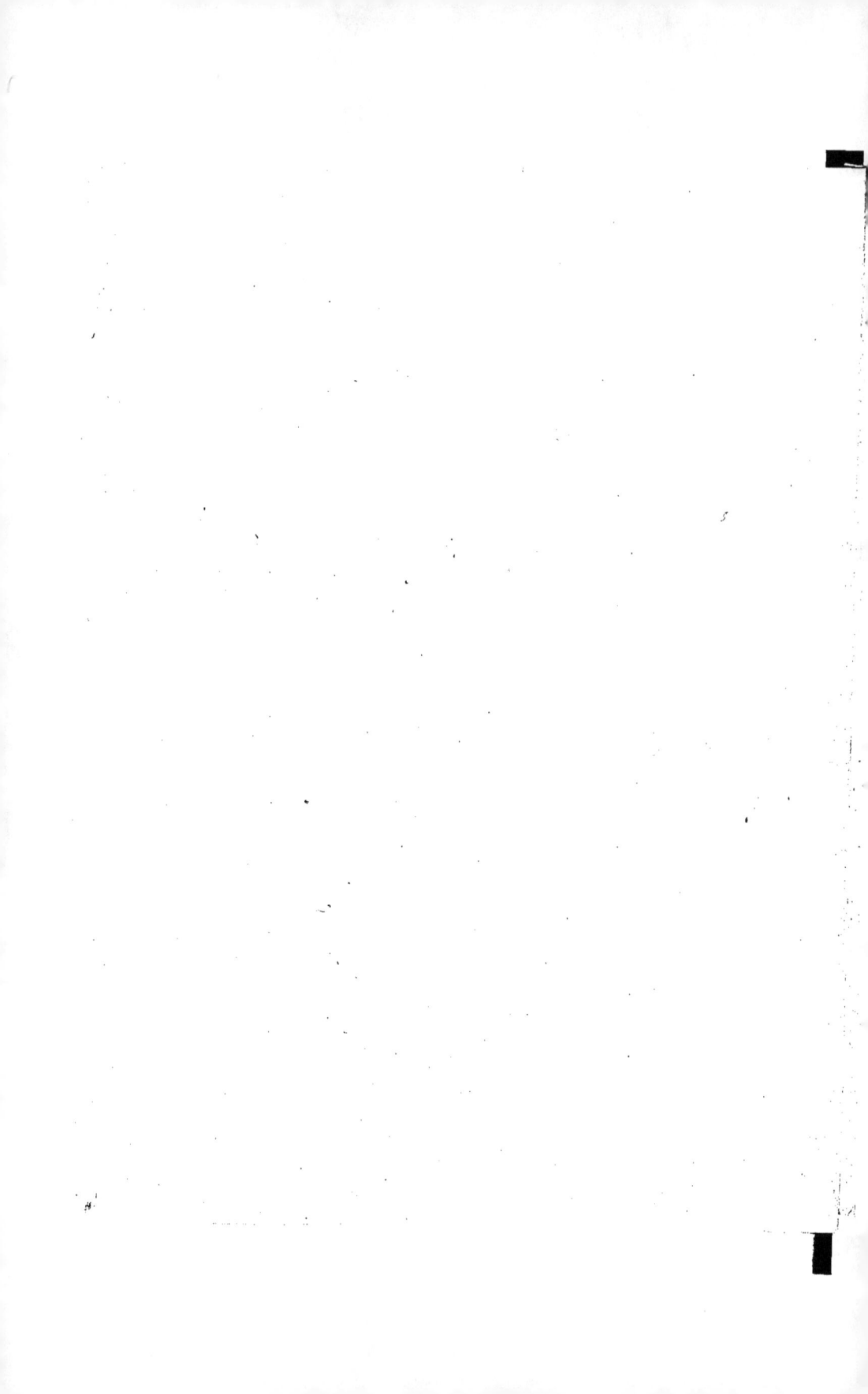

# TYPES DE CALCULS

## DE NAVIGATION

## ET D'ASTRONOMIE NAUTIQUE.

V

14159

©

# TYPES DE CALCULS

DE

# NAVIGATION ET D'ASTRONOMIE NAUTIQUE,

ACCOMPAGNÉS DE

RENVOIS EXPLIQUANT LA MANIÈRE D'EXÉCUTER CES CALCULS DANS CHAQUE CAS PARTICULIER.

## SECONDE ÉDITION,

Soigneusement revue et mise en harmonie avec les connaissances actuellement exigées des Candidats aux grades de Capitaine au Long-Cours ou de Maître au Cabotage,

AUGMENTÉE D'UN

APPENDICE SUR LES AIRES ET SUR LES VOLUMES,

PAR T.-J. DUBUS,

MEMBRE DE LA LÉGION-D'HONNEUR, PROFESSEUR DE NAVIGATION EN RETRAITE,
ANCIEN ÉLÈVE DES ÉCOLES POLYTECHNIQUE ET NORMALE.

PRIX, 3 FRANCS.

## SAINT-BRIEUC,

CHEZ L. PRUD'HOMME, IMPRIMEUR-LIBRAIRE

AVRIL 1855.

Tout Exemplaire non revêtu de ma signature sera réputé
contrefait.

*Dubus*

# AVERTISSEMENT.

Cette seconde édition des Types de calculs de Navigation et d'Astronomie nautique contient, non-seulement ceux dont on fait habituellement usage à la mer, mais encore tous ceux moins fréquemment employés, qui sont actuellement exigés des Candidats aux grades de Capitaine au Long-Cours et de Maître au Cabotage. En faveur de ces derniers, nous avons mis, à la fin de l'ouvrage, un appendice sur les aires et les volumes, qui pourra, à l'occasion, servir de *Memento* aux Long-Courriers.

Sachant combien sont multipliées et diverses les occupations d'un officier de la marine marchande, et le peu de loisir qui lui reste en général pour l'étude ; sachant aussi qu'il existe toujours plus ou moins de trouble et d'inquiétude dans l'esprit du candidat, qui craint toujours de ne pas avoir fini tous ses calculs à l'heure fixée ; nous avons dû suivre, dans nos explications, la marche qui nous a paru être à la fois la plus courte et la plus facile. Cette marche consiste à ne rien dire au calculateur tant qu'il sait, et à ne lui dire que ce qu'il faut pour le faire marcher au moment où il ne sait plus.

Pour remplir ce double but, nous avons fait précéder ou suivre chaque ligne de calcul d'un numéro, quand la manière de procéder n'était pas invariablement indiquée dans le type lui-même. Ce numéro, répété dans la seconde partie de l'ouvrage à laquelle il renvoie, donne l'explication de ce qu'on a à faire au lieu marqué, pour chaque cas particulier.

Les trente-six premiers renvois sont relatifs à des opérations fondamentales qui se présentent à tout moment, et que, pour cette raison, il est important de se rendre familières ; ce sont, le plus souvent, de petits calculs de détail que l'on fait à part, et dont le résultat, une fois trouvé, se porte au type du calcul principal.

Tous les exemples sont pour 1854 ; dans ces exemples, nous renvoyons continuellement le lecteur aux Ephémérides maritimes *. Ces Ephémérides sont un extrait de la partie de la Connaissance des temps qui est spécialement utile aux navigateurs ; nous lui avons donné une disposition qui contribue à la rapidité des calculs, et nous y avons ajouté quelques tables qui, avec les tables ordinaires de logarithmes, suffisent pour faire commodément tous les calculs nautiques.

Nous donnons souvent plusieurs exemples du même genre. Le premier est fait avec toute la précision que l'on peut exiger aux examens, les autres ne comportent que celle dont il suffit de se contenter à la mer.

L'expérience nous ayant prouvé que nous ne nous étions pas trompé, en présentant comme utile aux marins cet ouvrage sur la partie purement pratique des calculs, c'est avec confiance que nous leur en offrons la seconde édition, bien plus correcte et plus étendue que la première.

* Chez L. Prud'homme, Imprimeur-Libraire, à Saint-Brieuc.

# TABLE DES MATIÈRES.

Les Calculs marqués de deux astérisques ** sont demandés aux deux classes de Candidats (Cabotage et Long-Cours) ; ceux qui n'ont qu'une astérisque * ne sont exigés que du Long-Cours.

## ABRÉVIATIONS ET SIGNES CONVENTIONNELS.

| | |
|---|---|
| + *signifie* | plus. |
| − | moins. |
| × | multiplié par. |
| : | est à, *ou*, divisé par. |
| = | égale. |
| > | plus grand que. |
| < | plus petit que. |
| ☉ | soleil. |
| ⊙ | centre du soleil. |
| | bord supérieur du soleil. |
| | bord inférieur du soleil. |
| ☽ | lune. |
| | centre de la lune. |
| | bord supérieur de la lune. |
| ☾ | bord inférieur de la lune. |
| ★ | étoile. |
| H ☉ | hauteur du soleil. |
| H ☽ | hauteur de la lune. |
| H ★ | hauteur de l'étoile. |
| Dist.☉—☽, | dist. des bords voisins du ☉ et de ☽ |
| Dist.⊙⊕, | distance des centres du ☉ et de la ☽ |
| Dist.★—☽, | dist. de l'★ au bord voisin de la ☽ |
| Dist.★—☾, | dist. de l'★ au bord éloigné de la ☽ |
| Dist. ★⊕, | distance de l'★ au centre de la ☽ |
| Æ *ou* Asc. dr. | Ascension droite. |
| Déc. | déclinaison. |
| Eq. | équation. |
| Eq. d. t. | équation du temps. |
| Lat. | latitude. |
| Long. | longitude. |
| T. V., T. M. | temps vrai, temps moyen. |
| H. V., H. M. | heure au T. V., heure au T. M. |
| M. V., M. M. | midi vrai, midi moyen. |
| B, A, | boréal, austral. |
| N, S, | Nord, Sud. |
| E, O, | Est, Ouest. |

| | |
|---|---|
| h, m, s, t, | heure, minute, seconde, tierce. |
| °, ', ", | degré, minute, seconde. |
| $c_0$, | heure du chronom. à midi moyen de Paris. |
| c, | heure du chronomètre, en général. |
| c', c", | $2^e$, $3^e$.... heures au chronomètre. |
| Log. | Logarithme (d'un nombre). |
| L' *ou* L'og. | Logarithme trop fort de dix unités. |
| Cᵗ log. | Complément arithmétique du logarithme d'un nombre. |
| Sin., cos., tang., cot., | Logarithme du sinus, du cosinus, de la tangente, de la cotangente. |
| Cᵗ sin., Cᵗ cos, Cᵗ tang., Cᵗ cot., | Complément arithmétique du logarithme du sinus, du cosinus, de la tangente, de la cotangente. |

En désignant par Z le zénith, par P le pôle élevé, par A le centre de l'astre, le triangle de position méridienne qui a ces trois points pour sommets sera ZPA.

Ses trois côtés seront :

AZ, distance de l'astre au zénith ;

AP, distance de l'astre au pôle élevé ;

PZ, distance du pôle au zénith.

Ses trois angles seront :

Z, Azimuth ou Angle azimuthal ;

P, Angle horaire ;

A, Angle de position, *ou* Angle à l'astre.

En désignant par D le pied de l'arc abaissé de l'un des sommets du triangle ZPA perpendiculairement sur le côté opposé, les segments formés

sur AZ seront AD et ZD ;

sur AP, AD et PD ;

sur PZ, PD et ZD.

On fait usage de ces dernières abréviations aux calculs qui portent les Nᵒˢ 39, 40 et 66.

# TYPES DE CALCULS

## DE NAVIGATION ET D'ASTRONOMIE NAUTIQUE.

### PROBLÈMES GÉNÉRAUX DE NAVIGATION ET POINT COMPOSÉ (37)
#### PAR LE QUARTIER DE RÉDUCTION ET PAR LES TABLES DE POINT (38).

### N° 1ᵉʳ.

*Premier problème de route ( par le quartier).*

Étant parti d'une latitude de 32° 15' 42" nord et d'une longitude de 53° 40' 30" ouest, on a fait 18 lieues 2/3, le cap au SO₁/4S84°O du compas, dérive 14° tribord, variation 20° 45' NO.

On demande le point d'arrivée (194).

| | |
|---|---:|
| Rumb valu (30), | S 31° 0' O |
| Milles courus (21), | 56, o |
| Changement en latitude (39), 48ᵐ, ou 0°48', o S | |
| Latitude de départ (4), | 32 15, 7 N |
| Latitude d'arrivée (40), | 31 27, 7 N |
| Latitude moyenne (41), | 31 52 |
| Changement en longitude (42, 43), | 0° 34', o O |
| Longitude de départ (4), | 53 40, 5 O |
| Longitude d'arrivée (44), | 54 14, 5 O |

### N° 1ᵉʳ (bis).

*Premier problème de route ( par les tables).*

Étant parti d'un lieu situé par 55° 17' 24" de latitude N, et 0° 49' 30" de longitude E, on a fait route pendant 8ʰ 24ᵐ en filant 7,5 nœuds, le cap au NNO4°O du compas, ayant 12° de dérive bâbord et 19° 30' de variation NO.

On demande le point d'arrivée (194).

| | |
|---|---:|
| Rumb valu (30), | N 58° 0' O |
| Milles courus (27), | 63 |
| Chemin EO (45), 53ᵐ, 4 O (46). | |
| Changement en latitude (45, 46), | 0° 33', 4 N |
| Latitude de départ (4), | 55 17, 4 N |
| Latitude d'arrivée (40), | 55 50, 8 N |
| Latitude moyenne (41), | 55 34 |
| Changem. en long. (47) 94ᵐ, 5 (23) | 1° 34', 5 O |
| Longitude de départ (4), | o 49, 5 E |
| Longitude d'arrivée (44), | o 45, o O |

### N° 2.

*Second problème de route ( par le quartier).*

Partant d'une latitude 55° 17' 24" N et d'une longitude 0° 49' 30" E, on veut arriver par une latitude 55° 50' 48" N., et une longitude 0° 45 O. Variation, 20° 10' NO ; dérive supposée, 15° T.

On demande la route à suivre au compas et la distance à parcourir.

| | |
|---|---:|
| Latitude de départ (4), | 55° 17', 4 N |
| Latitude d'arrivée (4), | 55 50, 8 N |
| Changement en latitude (48), | o 33, 4 N |
| Latitude moyenne (41), | 55 34 |
| Longitude de départ (4), | 0° 49', 5 E |
| Longitude d'arrivée (4), | o 45, o O |
| Changement en longitude (54), | 1 34, 5 O |
| Milles à faire (55), | 63, o |
| Rumb vrai (55), | N 58° 0' O |
| Route au compas (31) | N 52 50 O |
| ou, (29) | NO₁/4O 3° 25' N |

### N° 2 (bis).

*Second problème de route ( par les tables).*

Partant d'un lieu situé par 32° 15' 42" de latitude N et 53° 40' 30" de longitude O, on veut atteindre un lieu situé par 31° 27' 42" de latitude N et 54° 14' 30" de longitude O. Variation, 15° 22' NO ; dérive supposée, 10° B.

On demande l'aire de vent à suivre au compas et le chemin à faire.

| | |
|---|---:|
| Latitude de départ (4), | 32° 15', 7 N |
| Latitude d'arrivée (4), | 31 27, 7 N |
| Changement en latitude (48), | o 48, o S |
| Latitude moyenne (41), | 31 52 |
| Longitude de départ (4), | 53° 40', 5 O |
| Longitude d'arrivée (4), | 54 14, 5 O |
| Changement en longitude (54), | o 34, o O |
| Chemin EO, en milles (56, 52 bis), | 28, 8 |
| Milles à faire (57), | 56, o |
| Rumb vrai (57), | S 31° 0' O |
| Route à suivre au compas (31), | S 56 22 O |
| ou, (29) | SO₁/4O 0° 7' O |

1

## N° 3.

*Troisième problème de route ( par le quartier ).*

Etant parti d'une latitude 55° 17' 24" N et d'une longitude 0° 49' 30" E , on est arrivé par une latitude 55° 50' 48" nord, après avoir couru au NNO4°O au compas ; dérive , 12° B; variation , 19° 30' NO.

On demande les milles du chemin et la longitude d'arrivée.

| Rumb valu (30) , | N 58° 0' O |
| --- | --- |
| Latitude de départ (4) , | 55° 17', 4 N |
| Latitude d'arrivée , | 55 50, 8 N |
| Changement en latitude (48) , | 0 33, 4 N |
| Latitude moyenne (41) , | 55 34 |
| Milles courus (49) , | 63, 0 |
| Changem. en long. (42,43), 94,5 ou | 1° 34', 5 O |
| Longitude de départ (4) , | 0 49, 5 E |
| Longitude d'arrivée (44) , | 0 45, 0 O |

## N° 3 (bis).

*Troisième problème de route ( par les tables ).*

Etant parti d'un lieu situé par 32° 15' 42" de latitude N et 53° 40' 30" de longitude O , on est arrivé par 31° 27' 42" de latitude N , après avoir fait route le cap au SO1/4S4°O du compas, ayant 14° de dérive T , et 20° 45' de variation NO.

On demande le chemin fait et la longitude d'arrivée.

| Rumb valu (30) , | S 31° 0' O |
| --- | --- |
| Latitude de départ (4) , | 32° 15', 7 N |
| Latitude d'arrivée , | 31 27, 7 N |
| Changement en latitude (48) , | 0 48, 0 S |
| Latitude moyenne (41) , | 31 52 |
| Chemin EO , en milles (50, 46) , | 28, 8 O |
| Milles courus (50) , | 56, 0 |
| Changement en longitude (47) , | 0° 34', 0 O |
| Longitude de départ (4) , | 53 40, 5 O |
| Longitude d'arrivée (44) , | 54 14, 5 O |

## N° 4.

*Quatrième problème de route ( par le quartier ).*

Etant parti d'une latitude 32° 15' 42" N et d'une longitude 53° 40' 30" O, on a fait 18 lieues 2/3 du côté de l'Ouest du monde , et l'on est arrivé par 31° 27' 42" de latitude N.

On demande la route suivie et la longitude d'arrivée.

| Milles courus (21) , | 56, 0 |
| --- | --- |
| Latitude de départ (4) , | 32° 15', 7 N |
| Latitude d'arrivée , | 31 27, 7 N |
| Changement en latitude (48) , | 0 48, 0 S |
| Latitude moyenne (41) , | 31 52 |
| Rumb vrai (51, 52) , | S 31° 0' O |
| Changement en longitude (42, 43) , | 0° 34', 0 O |
| Longitude de départ (4) , | 53 40, 5 O |
| Longitude d'arrivée (44) , | 54 14, 5 O |

## N° 4 (bis).

*Quatrième problème de route ( par les tables ).*

Etant parti de 55° 17' 24" de latitude Nord et 0° 49' 30" de longitude E , on a fait route pendant 8h 24m, filant 7,5 nœuds sous la même direction , entre le N et l'O , et l'on est arrivé par 55° 50' 48" de latitude N. — On demande la route suivie et la longitude d'arrivée.

| Milles courus (27) , | 63, 0 |
| --- | --- |
| Latitude de départ (4) , | 55° 17', 4 N |
| Latitude d'arrivée , | 55 50, 8 N |
| Changement en latitude (48) , | 0 33, 4 N |
| Latitude moyenne (41) , | 55 34 |
| Chemin EO (53, 46) , | 53, 4 N |
| Rumb vrai (53, 52) , | N 58° 0' O |
| Changement en longitude (47) , | 1° 34', 5 O |
| Longitude de départ (4) , | 0 49, 5 E |
| Longitude d'arrivée (44) , | 0 45, 0 O |

## N° 5.

## POINT COMPOSÉ, PAR LE QUARTIER OU PAR LES TABLES DE POINT.

### PREMIER EXEMPLE.

Étant parti d'une latitude 47° 56' 18" N et d'une longitude 8° 17' 30" O, on a fait les routes suivantes, ayant 21° 30' de variation NO :

1re Pendant 4h 40m, filant 6,5 nœuds au N1/4NO4°O du compas, avec 12° de dérive bâbord.

| 2e | 5 30 | 7,0 | NNO2°N | 6 | bâbord. |
| 3e | 3 0 | 7,0 | N4°E | 17 | bâbord. |
| 4e | 3 20 | 7,5 | O5°N | 0 | |
| 5e | 1 30 | 6,0 | ENE2°E | 10 | tribord. |
| 6e | 0 40 | 5,0 | SE4°E | 15 | tribord. |

On demande le point d'arrivée (194), le rumb de vent et les milles directs.

| Nos. | RUMBS VALUS. (30, 58) | MILLES COURUS. (27, 58) | N | S | E | O |
|---|---|---|---|---|---|---|
| 1 | N 48° 45' O | 30,3 | 20,0 | » | » | 22,8 |
| 2 | N 48 0 O | 38,5 | 25,8 | » | » | 28,6 |
| 3 | N 34 30 O | 21,0 | 17,3 | » | » | 11,9 |
| 4 | S 73 30 O | 25,0 | » | 7,1 | » | 24,0 |
| 5 | N 58 0 E | 9,0 | 4,8 | » | 7,6 | » |
| 6 | S 55 30 E | 3,3 | » | 1,8 | 2,7 | » |
| | Sommes. | | 67,9 | 8,9 | 10,3 | 87,3 |
| | | | | 8,9 | | 10,3 |
| | Chemins définitifs NS. | | 59,0 | ......Ch. EO. | | 77,0 |

Ch. NS, ou chang.t en latit. 0° 59', 0 N
Latitude de départ (4), 47 56, 3 N
Latitude d'arrivée (40), 48 55, 3 N
Latitude moyenne (41), 48 26

Changem. en longit. (59), 1° 56', 1 O
Longitude de départ (4), 8 17, 5 O
Longitude d'arrivée (44), 10 13, 6 O
Milles directs (60), 97, 0
Rumb direct (60), N 52° 32' O

### SECOND EXEMPLE. *Route composée faite dans un courant* (62).

On est parti de 0° 30' de latitude N et de 36° 12' de longitude O ; on a fait les routes suivantes, avec 5° de variation NE dans un courant qui porte au vrai N 62° 30' O et fait 1/2 mille à l'heure :

1re Pendant 5h 10m, filant 8,0 nœuds au SO4°O du compas, avec 17° de dérive bâbord.

| 2e | 4 30 | 7,5 | OSO2°S | 19 | bâbord. |
| 3e | 6 0 | 7,0 | SO1/4O2°O | 18 | bâbord. |
| 4e | 5 20 | 7,5 | O4°N | 0 | |
| 5e | 3 0 | 8,0 | NE4°N | 10 | tribord. |

On demande le point d'arrivée (194), les milles directs et le rumb direct.

| Nos. | RUMBS VRAIS. (30, 58.) | MILLES (27 58) | N | S | E | O |
|---|---|---|---|---|---|---|
| 1 | S 37° 0' O | 41,3 | » | 33,0 | » | 24,9 |
| 2 | S 51 30 O | 33,8 | » | 21,0 | » | 26,4 |
| 3 | S 45 15 O | 42,0 | » | 29,6 | » | 29,8 |
| 4 | N 81 0 O | 40,0 | 6,3 | » | » | 39,5 |
| 5 | N 56 0 E | 24,0 | 13,4 | » | 19,9 | » |
| Courant. | N 62 30 O | 12,0 | 5,5 | » | » | 10,6 |
| | Sommes. | | 25,2 | 83,6 | 19,9 | 131,2 |
| | | | | 25,2 | | 19,9 |
| | Chemins définitifs...... | | NS | 58,4 | ....EO | 111,3 |

Ch. NS ou chang. en latit. 0° 58',4 S
Latitude de départ (4), 0 30, 0 N
Latitude d'arrivée (40), 0 28, 4 S
Latitude moyenne (41), 0 1

Ch. en long. (59) 111m,3... 1° 51',3 O
Longitude de départ (4) 36 12, 0 O
Longitude d'arrivée (44), 38 3, 3 O
Milles directs (60), 125,6
Rumb direct (60), S 62° 20' O

## N° 6.

### DÉTERMINATION DU POINT DE PARTANCE, *par le quartier de réduction.*

**1° *A l'aide du relèvement au compas d'un point terrestre et des milles de la distance estimée.***

On s'estime à 14,2 milles d'un point qu'on relève au SO1°O du compas, variation 24° NO; ce point est situé par 48° 28' 30" de latitude N, et 7° 23' 42" de longitude O. On demande la position du navire (194, 250).

Rumb vrai (30), S 22°O; rumb opposé, N 22°E; milles de la distance estimée, 14,2.

| | | |
|---|---|---|
| Différence en latitude (39), | 0° 13', 2 N | |
| Latitude du point relevé (4), | 48 28, 5 N | |
| Latitude du navire (40), | 48 41, 7 N | |
| Latitude moyenne (41), | 48 35 | |
| Différence en longitude (42), | 0° 8', 1 E | |
| Longitude du point relevé (4), | 7 23, 7 O | |
| Longitude du navire (44), | 7 15, 6 O | |

**2° *A l'aide de deux relèvements du même objet, en mesurant le chemin et la route faits dans l'intervalle de ces deux relèvements.***

Un point est par 48° 25' 30" de latitude N et 7° 37' 42" de longitude O; on le relève d'abord au SSE4°E, puis, après avoir fait 17,6 milles à l'E3°S, dérive 10° T, on le relève de nouveau au SO1°O. On demande la position du navire à ce dernier relèvement (194).

(La variation est supposée de 24° NO.)

| | |
|---|---|
| Route corrigée de dérive (29), | S 77° 00' E |
| 1er relèvement au compas (138), | S 26 30 O |
| 1er angle compris (139), | 50 30 |
| Route corrigée de dérive (29), | S 77° 0'E |
| 2e relèvement au compas (138), | S 46 0 O |
| 2e angle compris (139), | 123 0 |
| 3e angle, différ. des deux premiers, | 72 30 |
| Distance du point terrestre au 2e relèvement (61), | . . . . 14,2 milles. |

Avec les milles de distance actuellement connus et le 2e relèvement, on achèvera la détermination du point de partance, comme dans le premier cas.

---

## N° 7.

### CALCUL DE L'HEURE DE LA PLEINE MER, *par l'heure du passsage de la Lune au méridien* (66). (Voir aussi le calcul N° 50.)

**PREMIER EXEMPLE.**

On demande l'heure T. M. de la P. M. du soir le 3 mars 1854, dans un lieu situé par 59° 33' de longit. O, et dont l'établissement est de 4h 10m.

| | |
|---|---|
| Longitude en temps (13), | 3h 58m |
| Passage ☾ à Paris (64), le 3 à | 3h 41m * |
| le 4 à | 4 25 |
| Retard diurne des passages, | 44 |
| Partie proport. à la longit. (T. X, 65) | + 7 * |
| T. M. du passage ☾ au lieu, le 3 à | 3 48 (67) |
| Equation du temps (20), | — 12 |
| T. V. du passage ☾ au lieu, le 3 à | 3 36 |
| Parall. équat. ☾ (68), 55' 34" | |
| Correct. de la table XII (Eph. mar.) — | 1 2 |
| Etablissement (toujours en +), | + 4 10 |
| T. V. de la P. M. (10), le 3 à | 6 44 |
| T. M. de la P. M. (19), le 3 à | 6 56 |

*ou* (16) P. M. demandée, le 3 à 6h 56m soir.

**SECOND EXEMPLE.**

On demande l'heure T. V. de la P. M. du matin, le 26 mars 1854, dans un lieu situé par 115° 16' de longitude E, et dont l'établissement est de 10h 40m.

| | |
|---|---|
| Longitude en temps (13), | 7h 41m |
| Passage ☾ à Paris (64), le 24 à | 21h 35m |
| le 25 à | 22 27 * |
| Retard diurne des passages, | 52 |
| Partie proport. à la longit. (T. X, 65) | — 17 * |
| T. M. du passage ☾ au lieu, le 25 à | 22 10 (67) |
| Demi-jour lunaire, | — 12 26 |
| T. M. du pass. infér. précédent, le 25 à | 9 44 |
| Equation du temps (20), | — 6 |
| T. V. du passage ☾ au lieu, le 25 à | 9 38 |
| Parall. équat. ☾ (68), 58' 42" | |
| Correction (T. XII), | + 0 22 |
| Etablissement (toujours en +), | + 10 40 |
| T. V. de la P. M. (10), le 25 à | 20 40 |

*ou* (16) le 26 à 8h 40m du matin.

**EXEMPLES** *de la manière de réduire au T. M. donné de Paris les divers éléments variables des* Ephémérides, *quand on suppose les variations de ces éléments proportionnelles au temps.*

### 1° Déclinaison du Soleil.

**1er Cas.** *Les deux déclinaisons consécutives des Ephémérides étant de même dénomination.*

On demande de réduire la déclinaison du ⊙ pour le 1er mars 1854, à 19h 0m 0s T. M. de Paris.

| | |
|---|---|
| Chang. en déclin. du ⊙, du 1er au 2, | 22′ 51″ B |
| Pour 12h, moitié d'un jour, | 11 25, 5 |
| Pour 6h, moitié de 12h, | 5 42, 8 |
| Pour 1h, sixième de 6h, | 0 57, 1 |
| Somme. Pour 19h 0m, (231), | 18 5 B |
| Déclin. du ⊙, le 1er à 0h, | 7° 35 34 A |
| Déclin. ⊙, réduite à 19h 0m (233), | 7 17 29 A |

**2e Cas.** *Les deux déclinaisons consécutives des Ephémérides étant de différente dénomination.*

On demande de réduire la déclinaison du ⊙ pour le 20 mars 1854, à 18h 48m T. M. de Paris.

| | |
|---|---|
| Chang. en déclin. du ⊙, du 20 au 21, | 23′ 42″ B |
| Pour 12h, moitié d'un jour, | 11 51, 0 |
| Pour 6h, moitié de 12h, | 5 55, 5 |
| Pour 40m, neuvième de 6h, | 0 39, 5 |
| Pour 8m, cinquième de 40m, | 0 7, 9 |
| Somme. Pour 18h 48m (231, 233), | 18 34 B |
| Déclinaison du ⊙, le 20 à 0h, | 0° 10 22 A |
| Différ. Déclin. ⊙, réd. à 18h 48m, | 0 8 12 B |

---

### 2° Ascension droite moyenne du Soleil, ou Temps Sidéral.

On demande de réduire l'ascension droite moyenne du ⊙ pour le 22 mars 1854, à 17h 36m 15s T. M. de Paris.

*On fera usage ici de la table IX des* Ephém. mar.

| | |
|---|---|
| Mouvem. en Asc. dr., pour 17h, | 2m 47s, 56 |
| pour 36m, | 5, 91 |
| pour 15s, | 0, 04 |
| Som. Mouvem. pour 17h 36m 15s, | + 2 53, 5 |
| Asc. dr. moyenne du ⊙, le 22 à 0h, | 23h 58 37, 3 |
| Asc. dr. moy. ⊙ réd. à 17h 36m 15s, | 24 1 30, 8 |
| ou bien, en ôtant 24h, | 0 1 30, 8 |

### 3° Equation du Temps.

**1er Cas.** *Les deux équations consécutives des Ephémérides étant de même signe.*

On demande de réduire l'équation du temps pour le 1er mars 1854, à 19h 30m 0s T. M. de Paris.

| | |
|---|---|
| T. M. de Paris, le 1er à | 19h 43m |
| Equation du temps ∓ (20), environ | − 13 |
| T. V. approché de Paris, le 1er à | 19 30 |
| Changem. de l'équat. du 1er au 2 (12), | − 12s, 1 |
| Pour 12h, moitié d'un jour, | 6, 05 |
| Pour 6h, moitié de 12h, | 3, 03 |
| Pour 1h, sixième de 6h, | 0, 50 |
| Pour 30m, moitié de 1h, | 0, 25 |
| Somme. Pour 19h 30m (231, 233), | − 9, 8 |
| Equat. exacte, le 1er mars à 0h, | + 12m 37, 2 |
| Equat. du t. réduite à 19h 30m T. M. | + 12 27, 4 |

**2e Cas.** *Les deux équations consécutives des Ephémérides étant de différent signe.*

On demande de réduire l'équation du temps, pour le 15 avril 1854, à 22h 0m T. M. de Paris. (A cette époque, le T. V. vaut le T. M., à très-peu près.)

| | |
|---|---|
| T. V. de Paris, le 15 à environ | 22h 0m |
| Changem. de l'éq. du 15 au 16 (12), | − 14′, 9 |
| Pour 12h, moitié d'un jour, | 7, 45 |
| Pour 8h, tiers d'un jour, | 4, 97 |
| Pour 2h, quart de 8h, | 1, 24 |
| Somme. Pour 22h (231, 233), | − 13, 7 |
| Equation du temps, le 15 à 0h, | + 3, 2 |
| Réduction (9). Equat. réduite à 22h, | − 10, 4 |

### 4° Demi-Diamètre du Soleil.

On demande de réduire le demi-diamètre du ⊙ pour le 27 mars 1854, à 8h T. M. de Paris.

| | |
|---|---|
| Chang. dans le demi-diam. ⊙ du 21 mars au 1er avril, c'est-à-dire, en 11 jours, | − 3″, 0 |
| Pour 1 jour, onzième de 11j, | 0, 27 |
| Pour 5 jours, quintuple de 1j, | 1, 35 |
| Pour 8h, tiers de 1j, | 0, 09 |
| Somme. Pour 6j 8h, | − 1, 7 |
| Demi-diamètre ⊙, le 21, | 16′ 4, 4 |
| Demi-diam. ⊙, pour le 27 à 8h (9), | 16 2, 7 |

#### 5° DÉCLINAISON DE LA LUNE.

**1er Cas.** *Les deux déclinaisons consécutives de la Lune étant de même dénomination.*

On demande de réduire la déclinaison de la lune pour le 14 mars 1854, à 17h 55m T. M. de Paris.

| | | |
|---|---:|---:|
| Changement en déclinaison de la lune, du 14 à 12h au 15 à 0h; pour 12h (12), | — 2° 54' 27" | |
| Pour 4h, tiers de 12h, | 58 | 9,0 |
| Pour 1h, quart de 4h, | 14 | 32,3 |
| Pour 30m, moitié de 1h, | 7 | 16,1 |
| Pour 20m, tiers de 1h, | 4 | 50,8 |
| Pour 5m, quart de 20m, | 1 | 12,7 |
| *Somme.* Pour 5h 55m (231), | — 1 26 | 1 |
| Déclinaison de la ☾, le 14 à 12h, | 5 22 | 6 B |
| Déclinaison réduite de la ☾ (233), | 3 56 | 5 B |

**2e Cas.** *Les deux déclinaisons consécutives de la lune étant de différente dénomination.*

On demande de réduire la déclinaison de la lune pour le 15 mars 1854 à 7h 12m 24s T. M. de Paris.

| | | |
|---|---:|---:|
| Changement en déclinaison de la lune, du 15 à 0h au 15 à 12h; pour 12h (12), | — 2° 57' 45" | |
| Pour 6h, moitié de 12h, | 1 28 | 52,5 |
| Pour 1h, sixième de 6h, | 14 | 48,8 |
| Pour 12m, cinquième de 1h, ou soixantième de 12h (3, 232), | 2 | 57,6 |
| Pour 24s, double du 60e de 12m, | | 5,9 |
| *Somme.* Pour 7h 12m 24s (231), | — 1 46 | 45 |
| Déclinaison de la ☾, le 15 à 0h, | 2 27 | 38 B |
| *Différ.* Déclin. réd. de la ☾ (233), | 0 40 | 53 B |

#### 6° ASCENSION DROITE DE LA LUNE.

On demande de réduire l'ascension droite de la lune pour le 27 mars 1854, à 11h 24m 6s T. M. de Paris.

| | | |
|---|---:|---:|
| Changement en ascension droite de la lune, du 27 à 0h au 27 à 12h; pour 12h (12), | + 6h 10' 0" | |
| Pour 6h, moitié de 12h, | 3 5 | 0,0 |
| Pour 4h, tiers de 12h, | 2 3 | 20,0 |
| Pour 1h, quart de 4h, | 30 | 50,0 |
| Pour 24m, double du 60e de 12h (232), | 12 | 20,0 |
| Pour 6s, quart du 60e de 24m, | | 3,1 |
| *Somme.* Pour 11h 24m 6s (231), | + 5 51 | 33 |
| Asc. dr. de la lune, le 27 à 0h, | 353 58 | 57 |
| Asc. dr. réduite de la lune (233), | 359 50 | 30 |

#### 7° PARALLAXE ÉQUATORIALE DE LA LUNE.

On demande de réduire la parallaxe horizontale équatoriale de la lune, pour le 1er mars 1854 à 7h 30m 12s, T. M. de Paris.

| | |
|---|---:|
| Changement dans la parallaxe de la lune, du 1er à 0h au 1er à 12h; pour 12h (12), | — 23" |
| Pour 6h, moitié de 12h, | 11,5 |
| Pour 1h, sixième de 6h, | 1,9 |
| Pour 30m, moitié de 1h, | 0,9 |
| Pour 12s, 60e du 60e de 12h, qui est 23"" ou | 0,0 |
| *Somme.* Pour 7h 30m 12s (231), | — 14 |
| Parallaxe de la lune, le 1er à 0h, | 57' 17 |
| Parallaxe horiz. équat. réduite (233), | 57' 3" |

#### 8° DEMI-DIAMÈTRE HORIZONTAL DE ☾.

On demande de réduire le demi-diamètre horizontal de la lune pour le 1er mars 1854 à 19h 30m, T. M. de Paris.

| | |
|---|---:|
| Changement dans le demi-diamètre de la lune, du 1er à 12h au 2 à 0h; pour 12h (12), | — 6" |
| Pour 6h, moitié de 12h, | 3,0 |
| Pour 1h, sixième de 6h, | 0,5 |
| Pour 30m, moitié de 1h, | 0,3 |
| *Somme.* Pour 7h 30m (231), | — 4 |
| Demi-diamètre ☾, le 1er à 12h, | 15' 30 |
| Demi-diam. horiz. ☾, réduit (233), | 15 26 |

#### 9° DISTANCE VRAIE DU SOLEIL A LA LUNE.

On demande de réduire la distance vraie du ☉ à la ☾, pour le 21 mars 1854 à 20h 43m 58s, T. M. de Paris.

| | |
|---|---:|
| Changement dans la distance, du 21 à 18h au 21 à 21h; pour 3h (12), | — 1° 38' 23" |
| Pour 1h, tiers de 3h, | 32 47,7 |
| Pour 1h, *id.* | 32 47,7 |
| Pour 30m, moitié de 1h, | 16 23,8 |
| Pour 12m, cinquième de 1h, | 6 33,5 |
| Pour 1m, soixantième de 1h (232), | 32,8 |
| Pour 30s, moitié de 1m, | 16,4 |
| Pour 20s, tiers de 1m, | 10,9 |
| Pour 4s, cinquième de 20s, | 2,2 |
| Pour 4s, *id.* | 2,2 |
| *Somme.* Pour 2h 43m 58s (231), | — 1 29 37 |
| Distance vraie, le 21 mars à 18h, | 83 32 30 |
| Distance vraie ☉ ☾, réduite (233), | 82 2 53 |

Il faut s'exercer à faire à vue les réductions des demi-diamètres, parallaxes, etc., et en général de tous les éléments qui varient assez peu pour que la partie proportionnelle de leur changement puisse être facilement calculée de mémoire.

EXEMPLES *de la manière de réduire au Temps Moyen de Paris les divers éléments variables des* Ephémérides, *quand on a égard aux différences secondes de ces éléments.* (Voir page 92 des *Ephémérides maritimes.*)

### 1° Déclinaison de la Lune.

On demande de réduire la déclinaison de la lune pour le 15 mars 1854, à 7ʰ 12ᵐ 24ˢ T. M. de Paris, en ayant égard aux différences secondes.

| (249) *Déclin.* ☾ | *Diff.* 1ʳᵉ (12) | *Diff.* 2ᵉ |
|---|---|---|
| Le 14 à 12ʰ + 5° 22′ 6″B | −2° 54′ 27″ | |
| Le 15 à 0 + 2 27 38 B | −2 57 45 | −3′ 18″ |
| Le 15 à 12 − 0 3o 7 A | −2 58 57 | −1 12 |
| Le 16 à 0 − 3 29 4 A | | |

Diff. 2ᵉ moy. 2′ 15″ *ou* 135″ Som. (9) −4 3o
Eph. m., *p.* 92, fact. 0,1198 1/2 Som. − 2 15

Prod. corr. des d. 2ᵉˢ, 16,16 (234) + 0′ 16″
Partie proportionnelle (235, 231), − 1° 46 45
Déclinaison de la ☾, le 15 à 0ʰ, + 2 27 38B
Déclin. demandée de la ☾ (10), + 0 41 9B

### 2° Déclinaison de la Lune.

On demande de réduire la déclinaison de la lune pour le 21 mars 1854, à 19ʰ 10ᵐ 7ˢ T. M. de Paris, en ayant égard aux différences secondes.

| (249) *Déclin.* ☾ | *Diff.* 1ʳᵉ (12) | *Diff.* 2ᵉ |
|---|---|---|
| Le 21 à 0ʰ 25° 29′ 9″A | +0° 31′ 8″ | |
| à 12 26 0 17 | +0 5 39 | −25′ 29″ |
| Le 22 à 0 26 5 56 | −0 19 58 | −25 37 |
| à 12 25 45 59 | | |

Diff. 2ᵉ moy. 25′ 33″ *ou* 1533″ Som. (9) −51 6
Eph. m. *p.* 92. fact. 0,1203 1/2 Som. −25 33

Prod. corr. des diff. 2ᵉˢ, 184,4 (234) + 3′ 4″
Partie prop. pour 7ʰ 10ᵐ 7ˢ (235, 231) + 3 23
Déclinaison de la ☾, le 21 à 12ʰ 26 0 17
Déclin. demandée de la ☾ (10). 26 6 44 A

### 3° Ascension droite de la Lune.

On demande de réduire l'ascension droite de la lune pour le 27 mars 1854, à 11ʰ 24ᵐ 6ˢ T. M. de Paris, en ayant égard aux différences secondes.

| (249) *Asc. dr.* ☾ | *Diff.* 1ʳᵉ (12) | *Diff.* 2ᵉ |
|---|---|---|
| Le 26 à 12ʰ 347° 40′ 43″ | +6° 18′ 14″ | |
| Le 27 à 0 353 58 57 | +6 10 0 | −8′ 14″ |
| Le 27 à 12 0 8 57 | +6 3 25 | −6 35 |
| Le 28 à 0 6 12 21 | | |

Différ. 2ᵉ moy. 7′ 25″ *ou* 445″ Som. (9) −14 49
Eph. m. *p.* 92, facteur 0,0237 1/2 Som. − 7 25

Prod. cor. des diff. 2ᵉˢ, 10, 54 (234) + 0′ 11″
Partie proportionnelle (235, 231), +5°51 33
Ascension droite ☾, le 27 à 0ʰ, 353 58 57
Ascension dr. demandée ☾ (10), 359 50 41

### 4° Parallaxe horiz. équat. de la Lune.

On demande de réduire la parallaxe horizontale équatoriale de la ☾, pour le 7 mars 1854 à 8ʰ T. M. de Paris, en ayant égard aux différences 2ᵉˢ.

| *Parall. équat.* ☾ | *Diff.* 1ʳᵉˢ (12) | *Diff.* 2ᵉˢ |
|---|---|---|
| Le 6 à 12ʰ 54′ 14″,8 | − 3″,2 | |
| Le 7 à 0 54 11, 6 | − 0, 6 | + 2, 6 |
| Le 7 à 12 54 11, o | + 2, 2 | + 2, 8 |
| Le 8 à 0 54 13, 2 | | |

Différ. 2ᵉ moyenne, 2″,5 Som. (9) + 5, 4
Eph. m. p. 92, facteur, 0,111 1/2 Som. + 2. 7

Prod. corr. des diff. 2ᵉˢ, 0,30 (234) − 0″,3
Partie proportionnelle (235), − 0, 4
Parallaxe équatoriale ☾, le 7 à 0ʰ, 54′ 11, 6
Parallaxe demandée de la ☾ (10), 54 10, 9

### 5° Déclinaison du Soleil.

On demande de réduire la déclinaison du soleil, pour le 21 décembre 1854 à 8ʰ 0ᵐ T. M. de Paris, en ayant égard aux différences secondes.

| *Déclinais.* ☉ | *Diff.* 1ʳᵉˢ (12) | *Diff.* 2ᵉˢ |
|---|---|---|
| Le 20 23° 26′ 58″ A | + 0′ 32″ | |
| 21 23 27 31 | + 0 4 | − 28″ |
| 22 23 27 34 | − 0 25 | − 29 |
| 23 23 27 10 | | |

Différ. 2ᵉ moyenne, 28″,5 Som. (9) − 57
Fact. pour 1/2 de 8ʰ 0,111 1/2 Som. − 28, 5

Prod. cor. des diff. 2ᵉˢ, 3″,19 (234) + 3″,2
Part proport. pour 8ʰ (235), + 0° 0′ 1, 3
Déclinaison du ☉, le 21 à midi, 23 27 31, 0
Déclinais. demandée du ☉ (10), 23 27 35, 5 A

### 6° Equation du Temps.

On demande de réduire l'équation du temps, pour le 10 février 1854 à 13ʰ T. V. (36) de Paris, en ayant égard aux différences secondes.

| *Equat. du temps.* | *Dif.* 1ʳᵉˢ (12) | *Diff.* 2ᵉˢ |
|---|---|---|
| Le 9 + 14ᵐ 31ˢ, 6 | | |
| 10 + 14 32, 6 | + 1ˢ, 0 | − 0ˢ, 9 |
| 11 + 14 32, 7 | − 0, 6 | − 0, 7 |
| 12 + 14 32, 1 | | |

Différ. 2ᵉ moyenne, 0″, 8 Som. (9) − 1, 6
Fact. pʳ moitié de 13ʰ, 0,124 1/2 Som. − 0, 8

Prod. cor. de diff. 2ᵉˢ, 0,099 (234) + 0ˢ, 10
Partie prop. pour 13ʰ T. V. (235), 0, 51
Equation du 10 février à M. V. 14ᵐ 32ˢ, 6
Equaʈ. du temps, demandée (10), 14 33, 21

## N° 10.

**DÉTERMINATION DU T. M. DE PARIS**, *correspondant à un élément donné, quand on suppose que la variation de cet élément est proportionnelle au temps.*

| PREMIER EXEMPLE. | SECOND EXEMPLE. |
|---|---|
| Le 15 mars 1854, au moment où la déclinaison de la lune est 0° 40' 53" B, quel est le T. M. correspondant de Paris ? | Le 1ᵉʳ mars 1854, au moment où la distance vraie du soleil à la lune est de 35° 1' 1", quel est le T. M. correspondant de Paris ? |

| PREMIER EXEMPLE | | SECOND EXEMPLE | |
|---|---|---|---|
| Déclinais. donnée , | 0° 40' 53" B | Distance donnée , | 35° 1' 11" |
| Déclin. ℂ le 15 à 0ʰ, | 2 27 38 B (236) | Distance le 1ᵉʳ à 9ʰ, | 34 9 59 (153, 236) |
| Changement partiel , | 1 46 45 Log. 3.80652 | Changement partiel , | 0 51 2 Log. 3.48601 |
| Changem. pour 12ʰ, | 2 57 45 C¹ log. 5.97204 | Changement pour 3ʰ, | 1 30 3 C¹ log. 6.26737 |
| Intervalle 12ʰ ou | 43200ˢ Log. 4.63548 | Intervalle , 3ʰ ou | 10800ˢ Log. 4.03342 |
| *Somme*—10. Log. du temps prop. x | 4.41404 | *Somme*—10. Log. du temps proport. x | 3.78680 |
| Temps proportionnel, 25944ˢ ou | 7ʰ 12ᵐ 24ˢ | Temps proportionnel, 6120ˢ, 7 ou | 1ʰ 42ᵐ 0ˢ, 7 |
| T. M. demandé de Paris (155) , | 7 12 24 | Ajoutez 9ʰ (155) T. M. demandé , | 10 42 0, 7 |

## N° 11.

**DÉTERMINATION DU T. M. DE PARIS**, *correspondant à un élément donné, quand on a égard aux différences secondes de cet élément.* (Voyez p. 92 des Eph. m.)

| PREMIER EXEMPLE. | SECOND EXEMPLE. |
|---|---|
| Le 15 mars 1854, au moment où la déclinaison de la lune est 0° 40' 53" B, quel est le T. M. de Paris ? (On veut avoir égard aux différences 2ᵉˢ.) | Le 1ᵉʳ mars 1854, au moment où la distance vraie ☉ℂ est de 35° 1' 1", quel est le T. M. de Paris, en ayant égard aux différences secondes ? |

**PREMIER EXEMPLE**

| (249) Déclin. de ℂ | Dif. 1ʳᵉ (12) | Dif. 2ᵉ |
|---|---|---|
| Le 14 à 12ʰ + 5°22' 6"B | | |
| | —2°54' 27" | |
| Le 15 à 0 + 2 27 38 B | | —3' 18" |
| | —2 57 45 | |
| Le 15 à 12 — 0 30 7 A | | —1 12 |
| | —2 58 57 | |
| Le 16 à 0 — 3 29 4 A | | |

| Déclin. donnée, 0°40'53"B | Réduct. —4 30 |
|---|---|
| Décl. ℂ le 15 à 0ʰ, 2 27 38 B | Moyenne, —2 15 |

| Changem. partiel , 1 46 45 (236) | Log. 3.80652 |
|---|---|
| Changem. en 12ʰ, 2 57 45 | C¹ log. 5.97204 |
| Intervalle 12ʰ ou 43200ˢ | Log. 4.63548 |
| *Somme*—10. Log. du temps prop. x | 4.41404 |
| Temps proportionnel, 25944ˢ ou | 7ʰ 12ᵐ 24ˢ |
| Moy. différ. 2ᵉ, 2' 15" ou 135" | Log. 2.13035 |
| Facteur pour 7ʰ 12ᵐ, 0,1200 | L'og. 9.07918 |
| Chang. en décl. en 12ʰ, 2° 57' 47" | C¹ log. 5.97204 |
| Intervalle 12ʰ, ou 43200 | Log. 4.63548 |
| *Som.*—20. Log. de la correct. du temps, | 1.81705 |
| Correction du temps (237) , | + 1ᵐ 5ˢ, 6 |
| Temps proportionnel , | 7ʰ12 24, 0 |
| Époque précédente, le 15 à | 0 0 0, 0 |
| T. M. exact de Paris (10), le 15 à | 7 13 29, 6 |

**SECOND EXEMPLE**

| (249) Dist. vraie. | Dif. 1ʳᵉ (12) | Dif. 2ᵉ |
|---|---|---|
| Le 1ᵉʳ à 6ʰ 32°39' 41" | + 1°30' 18" | |
| | | — 15" |
| 9 34 9 59 | + 1 30 3 | |
| 12 35 40 2 | + 1 29 46 | — 17 |
| 15 37 9 48 | | |

| Distance donnée, 35° 1' 1" | Réduct. — 32 |
|---|---|
| Dist. des Eph. à 9ʰ, 34 9 59 | Moyenne, — 16 |

| Changem. partiel , 0 51 2 (236) | Log. 3.48601 |
|---|---|
| Changement en 3ʰ, 1 30 3 | C¹ log. 6.26737 |
| Interv. des Eph. 3ʰ ou 10800ˢ | Log. 4.03342 |
| Temps proport. x 1ʰ42ᵐ0ˢ, 7...... | Log. 3.78680 |
| Le quadruple , 6 48 2, 8.... | Eph. mar. p. 92 |
| Moy. différ. 2ᵉ, 16" | Log. 1.20412 |
| Facteur pʳ 6ʰ 48ᵐ, 0,1229 | L'og. 9.08955 |
| Chang. de dist. en 3ʰ, 1° 30' 3" | C¹ log. 6.26737 |
| Interv. des Eph. 3ʰ ou 10800 | Log. 4.03342 |
| *Som.*—20. Log. de la correct. du temps, | 0.59446 |
| Correction du temps (237) , | —0ʰ 0ᵐ 3ˢ, 9 |
| Temps proportionnel , | 1 42 0, 7 |
| Époque précéd. des Eph., le 1ᵉʳ à | 9 0 0, 0 |
| T. M. exact de Paris (10), le 1ᵉʳ à | 10 41 56, 8 |

## N° 12.

## MANIÈRE DE RÉDUIRE DES OBSERVATIONS SUCCESSIVES

*à ce qu'elles eussent été, si on les eût faites simultanément.*

---

**PREMIER EXEMPLE.**

A l'heure $10^h 25^m 16^s$, 4 d'un chronomètre, on a observé la hauteur d'un astre de $19°20'17''$.

A l'heure $10^h 39^m 19^s$, 3 de ce chronomètre, la hauteur de l'astre était devenue $18°1'32''$.

On demande la hauteur de l'astre correspondant à l'heure intermédiaire $10^h 32^m 1^s$, 0 du chronomètre.

(246) $1^r$ int. : $2^e$ interv. :: $1^r$ ch. en $h^r$ : x

$14^m 2^s, 9$ : $6^m 44^s, 6$ :: $1°18'45''$ : x, ou

$842^s, 9$ : $404^s, 6$ :: $4725''$ : x; d'où

(238) $x = \dfrac{4725'' \times 404,6}{842,9}, = 2268'' = 0°37'48''$

$x$, $2^e$ changement en hauteur $\pm$, $-0°37'48''$

Première hauteur observée, $\phantom{xxx}$ 19 20 17

Hauteur réduite demandée (160), $\phantom{x}$ 18 42 29

**SECOND EXEMPLE.**

A $6^h 27^m 8^s$ d'un compteur, la hauteur d'un astre était $31°17'40''$; et à $6^h 39^m 10^s$ de ce compteur, la hauteur était devenue $32°2'20''$.

On demande la hauteur de l'astre qui correspond à l'heure intermed. $6^h 34^m 16^s$ du compteur.

$\phantom{xxxxxxxxxxxx}$ (238)

$1^{er}$ intervalle (246) $\phantom{x}$ $12^m 2^s$ $\phantom{x}$ C$^t$ log. 7.14146

$2^e$ intervalle $\phantom{xxxx}$ 7 8 $\phantom{xx}$ Log. 2.63144

$1^{er}$ chang. en haut. $\phantom{x}$ $0°44'40''$ $\phantom{x}$ Log. 3.42813

$2^e$ changem. $x$ $\phantom{x}$ Som.—10 $\phantom{x}$ Log. $x$ 3.20103

$2^e$ changement en haut $\pm$, $\phantom{xx}$ + 26'29''

Première hauteur, $\phantom{xxxxxxx}$ 31°17 40

Hauteur de l'astre, réduite $\Big\}$
à l'heure interméd. (160), $\Big\}$ $\phantom{x}$ 31 44 9

---

**TROISIÈME EXEMPLE.**

On a fait les observations suivantes de distances lunaires et de hauteurs qu'il faut ramener toutes à l'époque de la distance moyenne.

| HEURES AU COMPTEUR. | | OBSERVATIONS. | | | | MOYENNES (130). | | | | |
|---|---|---|---|---|---|---|---|---|---|---|
| $3^h$ | $11^m 58^s$ | Hauteurs du ☉ | 13° | 12' | 20'' | | | | | |
| | 12 54 | | 12 | 58 | 0 | $3^h$ | $12^m 26^s$ | 13° | 5' | 10'' |
| 3 | 14 50 | Hauteurs de la ☾ | 64 | 47 | 40 | | | | | |
| | 15 42 | | 64 | 41 | 20 | 3 | 15 16 | 64 | 44 | 30 |
| 3 | 17 55 | Distances ☉—☾ | 58 | 7 | 30 | | | | | |
| | 18 30 | | | 7 | 50 | | | | | |
| | 19 12 | | | 8 | 30 | 3 | 19 18 | 58 | 8 | 22 |
| | 20 0 | | | 8 | 50 | | | | | |
| | 20 53 | | | 9 | 10 | | | | | |
| 3 | 22 23 | Hauteurs de la ☾ | 64 | 27 | 20 | | | | | |
| | 23 33 | | 64 | 20 | 40 | 3 | 22 58 | 64 | 24 | • |
| 3 | 24 50 | Hauteurs du ☉ | 11 | 2 | 40 | | | | | |
| | 25 20 | | 10 | 46 | 40 | 3 | 25 5 | 10 | 54 | 40 |

**POUR LE SOLEIL.**

$1^{er}$ intervalle (159), $\phantom{x}$ $12^m 39^s$ $\phantom{x}$ C$^t$ log. 7.11976

: $2^e$ intervalle $\phantom{xxxxx}$ 6 52 $\phantom{xx}$ Log. 2.64490

$\therefore 1^{er}$ chang. en $h^r$ ☉ $\phantom{x}$ $2°10'30''$ $\phantom{x}$ Log. 3.89375

: $2^e$ chang. $x$ en haut. Som.—10, $\phantom{x}$ log. $x$ 3.65841

Second chang. en haut. $\pm$ (160), $\phantom{x}$ — 1°15'57''

Première hauteur moy. du ☉, $\phantom{xxx}$ 13 5 10

Haut. du ☉, réduite à l'époque $\Big\}$
de la distance moyenne, $\Big\}$ $\phantom{x}$ 11 49 13

**POUR LA LUNE.**

$1^{er}$ intervalle (159) $\phantom{x}$ $7^m 42^s$ $\phantom{x}$ C$^t$ log. 7.33536

: $2^e$ intervalle $\phantom{xxxxx}$ 4 2 $\phantom{xx}$ Log. 2.38382

:: $1^{er}$ chang. en $h^r$ ☾ $\phantom{x}$ $0°20'30''$ $\phantom{x}$ Log. 3.08990

: $2^e$ chang. $x$ en haut. Som.—10, $\phantom{x}$ log. $x$ 2.80908

Second chang. en haut. $\pm$ (160), $\phantom{x}$ — 0°10'43''

Première hauteur moy. de la ☾, $\phantom{xx}$ 64 44 30

Hauteur de ☾, réduite à l'épo- $\Big\}$
que de la distance moyenne, $\Big\}$ $\phantom{x}$ 64 33 47

<h3 style="text-align:center">N° 13.</h3>

## MANIÈRE DE CORRIGER LES HAUTEURS OBSERVÉES DES ASTRES.

### 1° Hauteur de Soleil.

**Premier Exemple.**

Le 1er avril 1854, à 18ʰ T. M. de Paris, on a observé la hauteur ☉ de 28° 5′ 55″ (+2′ 30″) ; élévation de l'œil, 4,4 mètres. On demande la hauteur vraie et la hauteur apparente ⊖.

| | |
|---|---:|
| Hauteur observée ☉ , | 28° 3′ 55″ |
| Erreur instrumentale ± (78) , | + 2 30 |
| Dépression (T. I , 79) pour 4,4 mèt. | — 3 45 |
| Réfraction—parall. ☉ (T. II , 80) , | — 1 40 |
| Demi-diamètre ☉ ± (81) , | + 16 1 |
| Hauteur vraie ⊖ (10) , | 28 19 1 |
| Réfraction—parall. ⊖ (T. II , 98) , | + 1 39 |
| Hauteur apparente ⊖ , | 28 20 40 |

**Second Exemple.**

Le 10 janvier 1854, à 6ʰ T. M. de Paris , on a observé la hauteur ☉ de 11° 20′ 15″ (—2′ 0″), l'œil étant élevé de 5,2 mètres. On demande la hauteur vraie et la hauteur apparente ⊖.

| | |
|---|---:|
| Hauteur observée ☉ , | 11° 20′ 15″ |
| Erreur instrumentale ± (78) , | — 2 0 |
| Dépression (T. I , 79) pour 5,2 mèt. | — 4 3 |
| Réfraction—parall. ☉ (T. II , 80) , | — 4 37 |
| Demi-diamètre ☉ ± (81) , | — 16 18 |
| Hauteur vraie ⊖ (10) , | 10 53 17 |
| Réfraction—parall. ⊖ (T. II , 98) , | + 4 44 |
| Hauteur apparente ⊖ , | 10 58 1 |

### 2° Hauteur de Lune.

**Premier Exemple.**

Le 30 mars 1854, à 18ʰ T. M. de Paris, on a observé la hauteur ☽ de 10° 28′ 30″ (—1′ 30″); élévation de l'œil, 6 mètres. On demande la hauteur vraie et la hauteur apparente de la ☾.

| Les Ephém. mar. } | Parall. horiz. ☽ , | 58′ 45″ |
|---|---|---:|
| donnent : (36) | Demi-diamètre ☽ , | 16 2 |

| | |
|---|---:|
| Hauteur observée ☽ , | 10° 28′ 30″ |
| Erreur instrumentale ± (78) , | — 1 30 |
| Dépression (T. I , 79) pour 6,0 mèt. | — 4 21 |
| Parall. en hr ☽—réfract. (T. VI , 120), | + 52 39 |
| Demi-diamètre ☽ ± (81) , | + 16 2 |
| Hauteur vraie ☾ (10) , | 11 31 20 |
| Paral. en hr ☾—réfract. (T. VI , 102), | — 52 43 |
| Hauteur apparente ☾ , | 10 38 37 |

**Second Exemple.**

Le 23 décembre 1854, à 20ʰ T. M. de Paris, en a observé la hauteur ☽ de 19° 59′ 0″ (+10′ 30″); élévation de l'œil, 20 pieds. On demande la hauteur vraie et la hauteur apparente ☾.

| Les Ephém. mar. } | Parall. horiz. ☽ , | 57′ 55″ |
|---|---|---:|
| donnent : (36) | Demi-diamètre ☽ , | 15 47 |

| | |
|---|---:|
| Hauteur observée ☽ , | 19° 59′ 0″ |
| Erreur instrumentale ± (78) , | + 10 30 |
| Dépression (T. I , 79) pour 20 pieds , | — 4 32 |
| Parall. en hr ☽—réfract. (T. VI , 120), | + 51 44 |
| Demi-diamètre ☽ ± (81) , | — 15 47 |
| Hauteur vraie ☾ (10) , | 20 40 55 |
| Parall. en hr ☾—réfr. (T. VI , 102), | — 51 49 |
| Hauteur apparente ☾ , | 19 49 6 |

### 3° Hauteur de Planète (220).

Le 6 février 1854 , l'œil étant élevé de 5,2 mètres, on a observé la hauteur du bord inférieur de la planète *Vénus* ♀ de 29° 58′ 10″ (—1′ 30″). On demande la hauteur vraie et la hauteur apparente du centre de l'astre.

Les Eph. donnent : Parall. hor. 26″ ; 1/2 diam. 24″.

| | |
|---|---:|
| Hauteur observée de ♀ , bord inf. | 29° 58′ 10″ |
| Erreur instrumentale ± (78) , | — 1 30 |
| Dépression (T. I , 79) pour 5,2 mèt. | — 4 3 |
| Demi-diamètre de ♀ ± (81 ,) | + 24 |
| Hauteur appar. du centre de ♀ (10) , | 29 53 1 |
| Réfraction simple (197, T. II) , | — 1 41 |
| Parall. de l'astre, en haut. (T. VIII) , | + 22 |
| Hauteur vraie du centre de ♀ (10) , | 29 51 42 |

### 4° Hauteur d'Étoile.

Le 10 mars 1854, l'œil étant élevé de 20 pieds, on a observé la hauteur de l'étoile *Sirius* de 25° 17′ 40″ (+3′ 20″). On demande la hauteur vraie et la hauteur apparente de l'astre.

| | |
|---|---:|
| Hauteur observée de l'étoile , | 25° 17′ 40″ |
| Erreur instrumentale ± (78) , | + 3 20 |
| Dépression (T. I , 79) pour 20 pieds , | — 4 32 |
| Hauteur apparente de l'★ (10) , | 25 16 28 |
| Réfraction simple (197, T. II) , | — 2 3 |
| Hauteur vraie de l'★ , | 25 14 25 |

## N° 14.

### CALCUL DE L'HEURE DU LEVER OU DU COUCHER VRAI DU ☉ (180).

| | |
|---|---|
| **PREMIER EXEMPLE.** | **SECOND EXEMPLE.** |

Déterminer l'heure T. M. du coucher vrai du centre du soleil, le 30 mars 1854, par une latitude de 48° 31' N et une longitude de 103° 15' O ; heure présumée, 6ʰ 21ᵐ T. M.

Le 5 mars 1854 , par 41° 17' 18'' de latitude N et 103° 15' de longitude E, on demande l'heure T. M. du lever vrai du centre du soleil, que l'on présume avoir lieu vers 6ʰ 22ᵐ T. V.

| | | | | |
|---|---|---|---|---|
| T. M. présumé du bord (69), le 30 à | | 6ʰ21ᵐ | | |
| Longitude en temps (17), | | 6 53 | | |
| T. M. approché de Paris, le 30 à | | 13 14 | | |
| Latitude , | 48°31', o N | tang. 10.05345 | | |
| Déclin. ☉ (36) | 3 58, o B | tang. 8.84100 | | |
| *Somme*—10 , Cos. angle hor. | | 8.89445 | | |
| Angle horaire ☉ , en arc (193), | | 94° 29', 9 | | |
| *Id.* | en temps (13), | 6ʰ18ᵐ 00ˢ | | |
| T. V. du coucher vrai du ☉ (70) , | | 6 18 00 | | |
| Equat. du temps (19, 36), *exacte* , | | 4 47 | | |
| T. M. demandé du coucher vrai ☉ , | | 6 22 47 | | |

| | | | |
|---|---|---|---|
| T. V. présumé du bord (69) , le 4 à | | 18ʰ22ᵐ | |
| Longitude en temps (17), | | — 6 53 | |
| Equation du temps (19, 36) , | | + 0 12 | |
| T. M. approché de Paris (10) , le 4 à | | 11 41 | |
| Latitude , | 41° 17', 3 N | tang. 9.94358 | |
| Déclin. ☉ (36) | 6 15, 5 A | tang. 9.04006 | |
| *Somme*—10, Cos. angle hor. | | 8.98364 | |
| Angle horaire ☉ , en arc (193), | | 84° 28', 4 | |
| *Id.* | en temps (13) , | 5ʰ37ᵐ 54ˢ | |
| T. V. du lever vrai du ☉ (70) , | | 6 22 6 | |
| Equat. du temps (19, 36) , *exacte* , | | 11 49 | |
| T. M. demandé du lever vrai ☉ , le 5 à | | 6 34 55 | |

---

## N° 15.

### CALCUL DE L'HEURE DU LEVER OU DU COUCHER VRAI
*du centre d'un Astre, en général.*

| | |
|---|---|
| **PREMIER EXEMPLE** , *pour la Lune.* | **SECOND EXEMPLE** , *pour une étoile* (196). |

Trouver l'heure T. M. du lever vrai du centre de la lune, le 14 mars 1854, par une latitude de 48° 31' N et une longitude de 5° 6' O ; heure présumée, 5ʰ 46ᵐ T. M. du soir.

On demande l'heure T. M. du coucher vrai de l'étoile *Aldébaran* (α du *Taureau*), le 6 janvier 1854, par 49° 17' 24'' de latitude S et 97° 19' de longit. E ; heure présumée, 2ʰ 8ᵐ T. M. du mat.

| | | |
|---|---|---|
| T. M. présumé du lieu (69), le 14 à | | 5ʰ46ᵐ |
| Longitude en temps (17), | | 20 |
| T. M. approché de Paris, le 14 à | | 6 6 |
| Latitude , | 48°31', o N | tang. 10.05345 |
| Déclin. ☾ (36) | 6 45, 5 B | tang. 9.07373 |
| *Somme*—10 , Cos. angle hor. | | 9.12718 |
| Angle horaire de la lune (193) , | | 97° 42', 1 à l'E |
| Asc. dr. de la lune (36) , | | 176 16, 4 |
| Asc. dr. du mérid., en arc (185) , | | 78 34, 3 |
| *Id.* | en temps (13) , | 5ʰ14ᵐ17ˢ |
| Asc. dr. moy. du ☉ (99 et T. IX) , | | —23 28 5 |
| T. M. demandé du lever vrai ☾ (186) , | | 5 46 12 |

| | | |
|---|---|---|
| T. M. présumé du lieu (69, 15), le 5 à | | 14ʰ8ᵐ |
| Longitude en temps (17) , | | 6 29 |
| T. M. approché de Paris; le 5 à | | 7 39 |
| Latitude , | 49° 17', 4 S | tang. 10.06528 |
| Déclin. ★ , | 16 12, 7 B | tang. 9.46352 |
| *Somme*—10 , Cos. angle hor. | | 9.52880 |
| Angle horaire de l'étoile (193) , | | 70° 15' 0 à l'O |
| *Id.* | en temps (13) , | 4ʰ41ᵐ 0ˢ |
| Asc. dr. de l'étoile (196) , | | 4 27 33 |
| Asc. dr. du méridien (185) , | | 9 8 33 |
| Asc. dr. moy. du ☉ (99 et T. IX) , | — | 19 0 14 |
| T. M. du couch. vrai de l'★ (186) le 5 , | | 14 8 19 |
| *ou* , le 6 janvier à 2ʰ 8ᵐ 19ˢ du matin. | | |

## N° 16.

### CALCUL DE L'HEURE DU LIEU, *pour le moment du lever ou du coucher apparent de l'un des bords du Soleil ou de son centre.*

| PREMIER EXEMPLE. | SECOND EXEMPLE. |
|---|---|

**PREMIER EXEMPLE.**

Déterminer l'heure T. M. du lever apparent du bord inférieur du soleil, le 21 mars 1854, par une latitude de 47° 9' 59" N et une longitude de 164° 45' E ; heure présumée, 6ʰ 5ᵐ T. M. ; élévation de l'œil en mètres, 5,5.

| | |
|---|---|
| T. M. présumé du lever (69), le 20 à | 18ʰ 5ᵐ |
| Longitude en temps (17), | 10 59 |
| T. M. approché de Paris, le 20 à | 7 6 |
| Déclinaison réduite du ☉ (36), | 0° 3' 22"A |
| Distance de l'horizon au zénith (71), | 90° 0' 0" |
| Dépression pour 5,5 mètres (T. I.), | + 4 11 |
| Réfraction—parallaxe ☉ (T. II, 72), | + 33 37 |
| Demi-diamètre ☉ ∓, | — 16 5 |
| Distance vraie AZ (10), | 90 21 43 |

| | | |
|---|---|---|
| Distance AZ, | 90° 21', 7 | |
| *Id.* AP (73), | 90 3, 4 | Cᵗ sin. 0.00000 (34) |
| *Id.* PZ (74), | 42 50, 0 | Cᵗ sin. 0.16757 |
| Somme, | 223 15, 1 | |
| Demi-somme, | 111 37, 6 | |
| 1ᵉʳ reste (75), | 21 34, 2 | sin. 9.56542 |
| 2ᵉ reste (75), | 68 47, 6 | sin. 9.96955 |
| | Somme, | 19.70254 |

| | |
|---|---|
| *Demi-somme.* Sin. 1/2 angle hor. | 9.85127 |
| Demi-angle horaire, en arc, | 45° 14', 2, × 8 |
| Angle horaire en temps (76), | 6ʰ 1ᵐ54ˢ |
| T. V. du lever app. ☉ (77), le 20 à | 17 58 6 |
| Equat. du temps, ± (36), | + 7 35 |
| T. M. du lever appar. ☉, le 20 à | 18 5 41 |
| ou, en temps civil, le 21 à | 6 5 41 mat. |

**SECOND EXEMPLE.**

Le 2 mars 1854, on demande l'heure T. M. du coucher apparent du bord supérieur du soleil, dans un lieu situé par 47° 10' de latitude Nord et 41° 31' de longitude O ; le temps vrai présumé étant 5ʰ 40ᵐ, et l'élévation de l'œil 45 décimèt.

| | |
|---|---|
| T. V. présumé du coucher (69), le 2 à | 5ʰ 40ᵐ |
| Longitude en temps ± (17), | + 2 46 |
| Equation du temps ± (36), | + 12 |
| T. M. approché de Paris (10), le 2 à | 8 38 |
| Déclinaison réduite du ☉ (36), | 7° 4' A |
| Distance de l'horizon au zénith (71), | 90° 0' |
| Dépression pour 4,5 mètres (T. I.), | + 4 |
| Réfraction—parallaxe ☉ (T. II, 72), | + 34 |
| Demi-diamètre ☉ ∓, | + 16 |
| Distance vraie AZ (10), | 90 54 |

| | | |
|---|---|---|
| Distance AZ, | 90° 54' | |
| *Id.* AP (73), | 97 4 | Cᵗ sin. 0.00331 (34) |
| *Id.* PZ (74), | 42 50 | Cᵗ sin. 0.16758 |
| Somme, | 230 48 | |
| Demi-somme, | 115 24 | |
| 1ᵉʳ reste (75), | 18 20 | sin. 9.49768 |
| 2ᵉ reste (75), | 72 34 | sin. 9.97958 |
| | Somme, | 19.64815 |

| | |
|---|---|
| *Demi-somme.* Sin. 1/2 angle hor. | 9.82407 |
| Demi-angle horaire, en arc, | 41° 50', × 8 |
| Angle horaire en temps (76), | 5ʰ 34ᵐ40ˢ |
| T. V. du coucher apparent ☉ (77), | 5 34 40 |
| Equation du temps, *exacte* ± (36), | + 12 20 |
| T. M. du coucher app. ☉ (10), le 2 à 5 47 | |

**N. B.** Pour avoir l'heure du lever ou du coucher apparent du centre du soleil, il faudrait suivre les types ci-dessus, sans faire entrer le demi-diamètre de cet astre dans la correction de la distance de l'horizon au zénith.

# N° 17.

**CALCUL DE L'HEURE**, *par une hauteur quelconque du soleil prise loin du méridien.*

*Détermination de l'état d'une montre sur le T. V. ou sur le T. M. du lieu.*

---

## PREMIER EXEMPLE.

Le 2 mars 1854, vers 4h 50m T. M. du soir, par une latitude de 36° 10' 1" N et une longitude de 147° 29' E, lorsque l'heure de la montre était 5h 11m 17s, on a observé la hauteur du bord inférieur du soleil, et on l'a trouvée de 11° 45' 13"; erreur instrumentale, + 4' 0"; élévation de l'œil, 5,2 mètres. On demande l'état absolu de la montre sur le T. V. et aussi sur le T. M. du lieu.

| | |
|---|---|
| T. M. approché du lieu (69), le 2 à | 4h 50m |
| Longitude en temps (17), | 9 50 |
| T. M. approché de Paris, le 2 à | 19 0 |
| | |
| Déclinaison du soleil (36), | 7° 17' 28" A |
| | |
| Hauteur observée ☉, | 11° 45' 13" |
| Erreur instrumentale ±, | + 4 0 |
| Dépression pour 5,2 mètr. (T. I, 79), | — 4 3 |
| Réfraction—parallaxe ☉ (T. II, 80), | — 4 25 |
| Demi-diamètre du ☉ ± (81), | + 16 10 |
| Hauteur vraie ☉ (10), | 11 56 55 |

Distance AZ (82) 78° 3', 1

| | | |
|---|---|---|
| *Id.* AP (73) | 97 17, 5 (34) | Cᵗ sin. 0.00352 |
| *Id.* PZ (74) | 53 50, 0 | Cᵗ sin. 0.09296 |
| Somme, | 229 10, 6 | |
| Demi-somme, | 114 35, 3 | |
| 1ᵉʳ reste (75), | 17 17, 8 | sin. 9.47323 |
| 2ᵉ reste (75), | 60 45, 3 | sin. 9.94078 |
| | Somme, | 19.51049 |

| | |
|---|---|
| *Demi-somme.* Sinus 1/2 angle horaire, | 9.75525 |
| Demi-angle horaire, | 34° 41', 6 × 8 |
| Angle horaire en temps (76), | 4h 37m 33s |
| T. V. du lieu (77), | 4 37 33 |
| Heure à la montre, | 5 11 17 |
| État absolu sur le T. V. ± (83), | + 0 33 44 |
| T. V. du lieu, | 4h 37m 33s |
| Équation du temps ± (36), | + 12 15 |
| T. M. du lieu (19), | 4 49 48 |
| Heure à la montre, | 5 11 17 |
| État absolu sur le T. M. ± (83), | + 0 21 29 |

---

## SECOND EXEMPLE.

Le 26 mars 1854, vers 7h 6m du matin T. V., étant par 41° 1' 10" de latitude N et 45° 34" de longitude O, l'œil élevé de 49 décimètres, on a observé la hauteur ☉ de 14° 5' 30" (+1' 30), au moment où un chronomètre marquait 19h 2m 52s. On demande l'état de ce chronomètre sur le T. V. et aussi sur le T. M. du lieu.

| | |
|---|---|
| T. V. approché du lieu (69), le 25 à | 19h 6m |
| Longitude en temps (17), | + 3 2 |
| Equation du temps ± (19), | + 6 |
| T. M. approché de Paris (10), le 25 à | 22 14 |
| Déclinaison du ☉ (36), | 2° 9' 44" B |
| | |
| Hauteur observée ☉, | 14° 5' 30" |
| Erreur instrumentale ± (78), | + 1 30 |
| Dépression pour 4,9 mèt. (T. I, 79), | — 3 55 |
| Réfraction—parallaxe ☉ (T. II, 80), | — 3 40 |
| Demi-diamètre du ☉ ± (81), | — 16 2 |
| Hauteur vraie ☉ (10), | 13 43 23 |

Distance AZ (82) 76° 16', 6

| | | |
|---|---|---|
| *Id.* AP (73) | 87 50, 3 (32) | Cᵗ sin. 0.00031 |
| *Id.* PZ (74) | 48 58, 8 | Cᵗ sin. 0.12235 |
| Somme, | 213 5, 7 | |
| Demi-somme, | 106 32, 9 | |
| 1ᵉʳ reste (75), | 18 42, 6 | sin. 9.50620 |
| 2ᵉ reste (75), | 57 34, 1 | sin. 9.92634 |
| | Somme, | 19.55520 |

| | |
|---|---|
| *Demi-somme.* Sinus 1/2 angle horaire, | 9.77760 |
| Demi-angle horaire, | 36° 49', 0 × 8 |
| Angle horaire en temps (76), | 4h 54m 32s |
| T. V. du lieu (77), le 25 à | 19 5 28 |
| Heure au chronomètre, | 19 2 52 |
| État absolu sur le T. V. ± (83), | — 0 2 36 |
| T. V. du lieu, le 25 à | 19h 5m 28s |
| Equation du temps ± (36), | + 6 52 |
| T. M. du lieu (19), le 25 à | 19 12 20 |
| Heure au chronomètre, | 19 2 52 |
| État absolu sur le T. M. ± (83), | — 0 9 28 |

## N° 18.

### CALCUL DE L'HEURE DU PASSAGE DU SOLEIL AU PREMIER VERTICAL
*et de sa hauteur à cet instant.*

#### PREMIER EXEMPLE.

Le 2 mars 1854, par une latitude de 36° 10' S et une longitude de 12° 45' E, on veut avoir l'heure T. M. du passage du soleil au premier vertical et la hauteur instrumentale de son bord inférieur au même instant; heure présumée, 6ʰ 51ᵐ du matin, T. M.; erreur instrumentale, + 2' 00"; élévation de l'œil, 6,5 mètres.

| | | | | |
|---|---|---|---|---|
| T. M. présumé (69), le 1ʳ à 18ʰ51ᵐ | Latitude, | 36° 10',0 S | cotang. 10.13608 | Cᵗ sin. 0.22905 |
| Longitude en temps (17), | 51 | Déclin. ☉ (36), | 7 18,4 A | tang. 9.10808 | sin. 9.10443 |
| T. M. appr. de Par., le 1ʳ à 18 0 | | | *Sommes.* cos. 9.24416 | sin. hʳ. 9.33348 |
| | | Angle hor. (95), 79°53' 7 | Haut. vr. ☉ (93), 12°26' 45" |
| (Dans ce genre de calcul, la déclinaison est toujours plus petite que la latitude, et de même dénomination qu'elle.) | *Id.* en temps (13), 5ʰ19ᵐ35ˢ | Demi-diam. ⊤, — 16 10 |
| | T. V. du lieu (77), 18 40 25 | Réfr.—par. (94), + 4 13 |
| | Equation du t. (19) 12 28 | Dépress. pour 6,5, + 4 32 |
| | T. M. du lieu, le 1ʳ à 18 52 53 | Erreur instr. ⊤, — 2 00 |
| | *ou* le 2 au matin, à 6 52 53 | Haut. instr. ☉ (10) 12 17 20 |

#### DEUXIÈME EXEMPLE.

Le 2 mars 1854, par 36° 10' de latitude S et 12° 45' de longitude O, présumant que le ☉ doit passer au premier vertical le soir vers 5ʰ 20ᵐ T. V., on demande l'heure exacte de ce passage en T. M. et la hauteur bonne à observer pour ☉, l'erreur instrumentale étant — 2', et la hauteur de l'œil 20 pieds.

| | | | | |
|---|---|---|---|---|
| T. V. présumé (69), le 2 à 5ʰ20ᵐ | Latitude, | 36° 10'S | cotang. 10.13608 | Cᵗ sin. 9.22905 |
| Longit. en temps ± (17), + 51 | Déclin. ☉ (36), 7 6 A | tang. 9.09537 | sin. 9.29202 |
| Equat. du temps ± (19), + 13 | | cos. 9.23145 | sin. hʳ. 9.32107 |
| T. M. appr. de P. (10), le 2 à 6 24 | Angle horaire (95), 80°8' 1/2 | Hauteur vr. ☉ (93), 12° 9 |
| | *Id.* en temps (13), 5ʰ20ᵐ34ˢ | Demi-diamètre ⊤, + 16 |
| | T. V. du pass. (77), 5 20 34 | Réfract.—par. (94), + 4 |
| | Equat. du temps (19), 12 23 | Dépress. pour 20' p., + 5 |
| | T. M. du pass., le 2 à 5 32 57 | Erreur instrum. ⊤, + 2 |
| | | Haut. à obs. pour ☉, 12 33 |

## N° 19.

### CALCUL DE L'HEURE DU LIEU, DE LA HAUTEUR ET DE L'AZIMUTH DU ☉,
*quand l'angle à l'astre ou angle de position est droit.*

Le 10 juin 1854, par une latitude de 8° 59' N et une longitude de 61° 47' E, on veut avoir l'heure T. M. à laquelle l'angle au soleil est droit, ainsi que l'azimuth de l'astre et la hauteur instrumentale de son bord inférieur au même instant; erreur instrumentale, + 2'; élévation de l'œil, 5,2 mèl.; heure présumée, 4ʰ 31ᵐ.

| | | | |
|---|---|---|---|
| T. M. présumé (69), le 10 à 4ʰ31ᵐ | Tang. latit. 9.19889 | Sin. latitud. 9.19353 | Cᵗ cos. latit. 0.00536 |
| Longit. en temps (13), 4 7 | Cotang. décl. 0.37180 | Cᵗ sin. décl. 0.40782 | Cos. déclin. 9.96397 |
| T. M. de Paris (17), le 10 à 0 24 | Cos. angle P 9.57069 | Sin. haut. vr. 9 60135 | Sin. azimt. 9.96933 |
| Latitude du lieu, 8°59'N | Ang. hor. (95) 68° 9' | Haut. vr. (93) 23°32' | Azim. (107) N 68°43'O |
| Déclin. du ☉ (36), 23 1 B | *Id.* en t. 4ʰ32ᵐ36 | 1/2 diam. ⊤ — 16 | (Cet angle d'azimt |
| | T.V.du l.(77) 4 32 36 | Réf.—p. (94) + 2 | est toujours< 90°.) |
| Dans ce genre de calcul, la déclinaison est toujours > la latitude et de même dénomination qu'elle. | Eq. d. t. (19) 0 58 | Dépr. pʳ 5,2, + 4 | L'astre est à son plus grand azimuth, quand l'angle à l'astre est droit. |
| | T. M. dem. 4 31 38 | Err. instr. ⊤ — 2 | |
| | | Haut. instr. ☉ 23 20 | |

## N° 20.

### CONNAISSANT L'ANGLE HORAIRE D'UN ASTRE, TROUVER LE T. M. DU LIEU.

#### 1° Pour le Soleil.

Le 23 mars au matin, dans un lieu situé par 59° 45′ de longitude E, l'angle horaire du soleil est de 61° 30′ ; on demande le T. M. du lieu.

| | |
|---|---:|
| Angle horaire du ☉, | 61° 30′ |
| *Idem* en temps (13), | 4ʰ 6ᵐ 0ˢ |
| T. V. du lieu (77), le 22 à | 19 54 0 |
| Longitude en temps (13), | 3 59 0 |
| T. V. de Paris (17), le 22 à | 15 55 0 |
| Équation du temps (36) | 6 52 |
| T. M. exact du lieu (19), le 22 à | 20 0 52 |
| *ou* (16) le 23 mars au matin, à | 8 0 52 |

#### 2° Pour un Astre, en général.

Le 25 mars 1854, dans un lieu situé par 59° 44′ de longitude O, l'angle horaire de la lune dans l'O du méridien est de 61° 30′, l'heure présumée est 1ʰ 59ᵐ. On demande le T. M. exact du lieu.

| | |
|---|---:|
| T. M. présumé du lieu (69), le 25 à | 1ʰ 59ᵐ |
| Longitude en temps (13), | 3 59 |
| T. M. approché de Paris (17), le 25 à | 5 58 |
| Asc. dr. de la ☾ (36) | 331° 7′ |
| Angle horaire de la ☾ (185), | 61 30 |
| Asc. dr. du méridien, | 32 37 |
| *Idem* en temps (13), | 2ʰ 10ᵐ 28ˢ |
| Asc. dr. moy. ☉ ou Temps sid. (36) | −0 11 26 |
| T. M. exact du lieu (186), le 25 à | 1 59 2 |

## N° 21.

### CONNAISSANT LE T. M. DU LIEU, TROUVER L'ANGLE HORAIRE D'UN ASTRE.

#### 1° Pour le Soleil.

Le 23 mars au matin, à 8ʰ 0ᵐ 52ˢ T. M. d'un lieu situé par 59° 45′ de longitude E, on demande l'angle horaire du soleil.

| | |
|---|---:|
| T. M. du lieu (15), le 22 à | 20ʰ 0ᵐ52ˢ |
| Longitude en temps (13), | 3 59 |
| T. M. de Paris (17), le 22 à | 16 1 52 |
| Équation du temps ∓, | − 6 52 |
| T. V. du lieu (20), | 19 54 0 |
| Angle hor. du ☉, en temps (77), | 4 6 0 |
| Angle horaire demandé (14), | 61° 30′ |

#### 2° Pour un Astre quelconque.

Le 25 mars 1854, à 1ʰ 59ᵐ 2ˢ T. M. d'un lieu situé par 59° 44′ de longitude O, quel est l'angle horaire de la lune ?

| | |
|---|---:|
| T. M. du lieu, le 25 à | 1ʰ 59ᵐ 2ˢ |
| Longitude en temps (13), | 3 58 56 |
| T. M. de Paris (17), le 25 à | 5 57 58 |
| T. M. du lieu, | 1ʰ 59ᵐ 2ˢ |
| Asc. dr. moyenne ☉ (99), | + 11 26 |
| *Som.* Asc. dr. du mérid., en temps, | 2 10 28 |
| *Id.* en arc (14), | 32° 37′ |
| Asc. dr. de la ☾ (36), | 331 7 |
| *Différence* (101), | 298 30 E |
| Angle horaire de la lune, | 61 30 O |

## N° 22.

### HEURE D'UN CHRONOMÈTRE DÉDUITE DE CELLE D'UN COMPTEUR,
#### *à l'aide de deux comparaisons.*

Deux comparaisons entre un compteur et un chronomètre ont donné :
1ʳᵉ *comparaison.* Heure du compteur, 4ʰ33ᵐ10ˢ, 0 ; heure du chronom. 10ʰ24ᵐ18ˢ, 5
2ᵉ *comparaison.* *Id.* 4 48 21, 0 ; *Id.* 10 39 25, 1
On demande l'heure du chronom. qui correspond à l'heure intermédiaire 4ʰ 39ᵐ 1ˢ,4 du compteur.

#### 1ʳᵉ Méthode (238).

1ᵉʳ int. (84) : 2ᵉ interv. :: 3ᵉ interv. : 4ᵉ interv.
15ᵐ11ˢ,0 :: 15ᵐ6ˢ,6 :: 5ᵐ51ˢ,4 : x
911,0 : 906,6 :: 351,4 : x

d'où (238) $x = \dfrac{906,6 \times 351,4}{911,0} = 349^s,7 = 5^m49^s,7$

1ʳᵉ heure au chronomètre, 10ʰ24 18,5
Heure demandée du chronomètre, 10 30 8,2

#### 2ᵉ Méthode, par *logarithmes* (238).

1ᵉʳ int. (84) 15ᵐ11ˢ,0 ou 911ˢ,0 Cᵗ log. 7.04048
2ᵉ interv. 15 6,6 906,6 log. 2.95742
3ᵉ interv. 5 51,4 351,4 log. 2.54580
4ᵉ intervalle log. 2.54370
4ᵉ intervalle x, 349ˢ, 7, ou 5ᵐ 49ˢ, 7
1ʳᵉ heure du chronomètre, 10ʰ24 18. 5
Heure demandée du chronom., 10 30 8, 2

## N° 23.

### DÉTERMINATION DE L'ÉTAT ABSOLU MOYEN D'UN CHRONOMÈTRE

#### PAR PLUSIEURS SÉRIES DE HAUTEURS DU SOLEIL.

Le 25 mars 1854 au matin, par une latitude de 29° 59' 59" N et une longitude de 11° 15' O, on a observé deux séries de hauteurs du soleil, l'erreur instrumentale étant — 2' 30" et la hauteur de l'œil 52 décimètres ; on a obtenu

|  | 1re SÉRIE. | 2e SÉRIE. |
|---|---|---|
| Moyennes des hauteurs observées du bord inférieur du ☉, | 14° 15' 30" | 15° 17' 32" |
| Moyennes des heures correspondantes du chronomètre, | 19h 12m 6s,4 | 19h 17m 20s, 3 |
| Heures approchées du lieu, en T. M., le 24 à | 19 9 | et 19 14 |

On demande l'état absolu du chronomètre sur le T. M. du lieu.

| | 1re SÉRIE. | 2e SÉRIE. | | 1re SÉRIE. | 2e SÉRIE. |
|---|---|---|---|---|---|
| T. M. approché, le 24 à | 19h 9m | à 19h 14m | Hauteur instrum. ☉, | 14° 15' 30" | 15° 17' 32" |
| Longit. en temps (17), | 0 45 | 0 45 | Erreur instrum. ± (78) — | 2 30 | 2 30 |
| T. M. appr. de Paris, le 24 à | 19 54 | à 19 59 | Dépression pr 5,2 (79), — | 4 3 | 4 3 |
| Déclinaison ☉ (36), | 1° 43' 52"B | 1° 43' 57"B | Réfract.—parall. (80), — | 3 39 | 3 39 |
| | | | Demi-diam. ☉ ± (81), + | 16 3 | 16 3 |
| | | | Haut. vraies ⊖ (10), | 14 21 21 | 15 23 39 |

| | | | | 1re SÉRIE. | 2e SÉRIE. |
|---|---|---|---|---|---|
| Distance AZ (82), | 75° 38' 39" | 74° 36' 21" | | | |
| Id. AP (73), | 88 16 8 | 88 16 3 (32) | Compt sinus. | 0.000.1982 | 0.000.1986 |
| Id. PZ (74), | 60 0 1 | 60 0 1 | Compt sinus. | 0.062.4682 | 0.062.4682 |
| Somme, | 223 54 48 | 222 52 25 | | | |
| Demi-somme, | 111 57 24 | 111 26 12 | | | |
| 1er reste (75), | 23 41 16 | 23 10 9 | Sinus. | 9.603.9585 | 9.594.8865 |
| 2e reste (75), | 51 57 23 | 51 26 11 | Sinus. | 9.896.2737 | 9.893.1604 |

| | 1re SÉRIE. | 2e SÉRIE. |
|---|---|---|
| Sommes, | 19.562.8986 | 19.550.7137 |
| Demi-sommes. Sin. 1/2 angles hor. | 9.781.4493 | 9.775.3568 |
| Demi-angles horaires, | 37° 11' 53" | 36° 35' 41" |
| Multipliez par 8 (76). Angles horaires en temps, | 4h 57m 35s, 1 | 4h 52m 45s, 5 |
| Temps vrai du lieu (77), le 24 à | 19h 2m 24s, 9 * | 19 7m 14s, 5 * |
| Longitude en temps, | 0 45 0, 0 | 0 45 0, 0 |
| T. V. de Paris (17), le 24 à | 19 47 24, 0 | 19 52 14, 5 |
| Equation du temps (19), | + 6 11, 9 * | + 6 11, 8 * |
| T. M. du lieu, le 24 à | 19 8 36, 8 | 19 13 26, 3 |
| Heures moyennes du chronomètre, | 19 12 6, 4 | 19 17 20, 3 |
| Différences. Etats absolus du chronom. ± (83), | + 3 29, 6 | + 3 54, 0 |

| | | | |
|---|---|---|---|
| 1er T. M. du lieu, le 24 à | 19h 8m36s, 8 | 1er état absolu du chronomètre, | + 3 29, 6 |
| 2e T. M. id. | 19 13 26, 3 | 2e état id. | + 3 54, 0 |
| Somme, | 38 22 3, 1 | Réduction (9), | + 7 23, 6 |
| Moitiés . . . . . . . . . Le 24 à | 19 11 1, 6, l'état du chronomètre est | | + 3 41, 8 |

## N° 24.

## DÉTERMINATION DE L'ÉTAT ABSOLU MOYEN D'UN CHRONOM. SUR LE T. M.

### PAR PLUSIEURS SÉRIES DE HAUTEURS D'UNE ÉTOILE.

Le 15 mars 1854, vers 15ʰ 2ᵐ T. M., par une latitude de 19° 11' 40" et une longitude de 29° 16' Ouest, on a observé deux séries de l'étoile *Régulus* dans l'O du méridien ; l'erreur instrumentale était — 1' 0", et la hauteur de l'œil 5,2 mètres ; on a obtenu :
Pour moyennes de la 1ʳᵉ série, hauteur ★, 25° 6' 15" ; heure au chronomètre, 14ʰ57ᵐ40ˢ,1
Pour      *id.*      2ᵉ série,      23 10 19                            15 6 8,7
On demande l'état absolu moyen du chronomètre sur le T. M. du lieu.

| POSITION APPARENTE (196) DE *Régulus*. | | Hauteur instrum. ★ , | 25° 6' 15" | 23° 10' 19" |
|---|---|---|---|---|
| Æ | 10ʰ 0ᵐ 36ˢ,4 | Erreur instrum. ± , | — 1 0 | — 1 0 |
| Déclinaison , | 12° 40' 42" B | Dépression , | — 4 3 | — 4 3 |
| | | Réfraction (197) , | — 2 4 | — 2 17 |
| | | Haut. vraies ★ (10) , | 24 59 8 | 23 2 59 |

| | 1ʳᵉ SÉRIE. | 2ᵉ SÉRIE. | | 1ʳᵉ SÉRIE. | 2ᵉ SÉRIE. |
|---|---|---|---|---|---|
| Distance AZ (82) , | 65° 0' 52" | 66° 57' 1." | | | |
| *Id.*   AP (73) , | 77 19 18 (34) | 77 19 18 | Compᵗ sinus. | 0.010.7204 | 0.010.7204 |
| *Id.*   PZ (74) , | 70 48 20 | 70 48 20 | Compᵗ sinus. | 0.024.8402 | 0.024.8402 |
| Somme , | 213 8 30 | 215 4 39 | | | |
| Demi-somme , | 106 34 15 | 107 32 20 | | | |
| 1ᵉʳ reste (75) , | 29 14 57 | 30 13 2 | Sinus. | 9.688.9611 | 9.701.8094 |
| 2ᵉ reste (75) , | 35 45 55 | 36 44 0 | Sinus. | 9.766.7593 | 9.776.7676 |
| | | | *Sommes* , | 19.491.2810 | 19.514.1376 |
| | *Demi-sommes.* Sin. 1/2 angles hor. | | | 9.745.6401 | 9.757.0688 |
| | Demi-angles horaires , | | | 33° 49' 46" | 34° 51' 35" |
| *Multipliez par 8 (76).* | Angles horaires en temps , à l'O , | | | 4ʰ30ᵐ38ˢ,1 | 4ʰ38ᵐ52ˢ,7 |
| | Æ de *Régulus* , | | | 10 0 36, 4 | 10 0 36, 4 |
| | Æ du méridien (185) , | | | 14 31 14, 5 | 14 39 29, 1 |
| | Æ moy. ☉ *ou* Temps sid. (36) , | | | —23 33 28, 9 | —23 33 30, 3 |
| | T. M. du lieu (186) , le 15 à | | | 14 57 45, 6 | 15 5 58, 8 |
| | Heures moyennes du chronomètre , | | | 14 57 40, 1 | 15 6 8, 7 |
| | Etats du chron. sur le T. M. (83) , | | | — 0 5, 5 | + 0 9, 9 |

| | | | |
|---|---|---|---|
| 1ᵉʳ T. M. du lieu , le 15 à | 14ʰ57ᵐ45ˢ, 6 | 1ᵉʳ état du chronomètre , | — 0 5, 5 |
| 2ʳ T. M.   *id.* | 15 5 58, 8 | 2ᵉ état   *id.* | + 0 9, 9 |
| Somme , | 30 3 44, 4 | Réduction (9) , | + 0 4, 4 |
| Moyennes (130). Le 15 , à | 15 1 52, 2 | T. M. , l'état dem. du chron. est | + 0 2, 2 |

3

N° 25.

## DÉTERMINATION DE L'ÉTAT ABSOLU D'UN CHRONOMÈTRE

### PAR LES HAUTEURS CORRESPONDANTES DU SOLEIL.

Le 2 mars 1854, étant par 48° 31' 0" de latitude N et 5° 6' de longitude O, on a pris des hauteurs correspondantes du soleil, en marquant les heures d'un chronomètre à l'instant de chaque observation, et on a obtenu, pour moyenne des heures au chronomètre, 21ʰ 4ᵐ 31ˢ et 2ʰ 54ᵐ 13ˢ.

On demande l'état absolu du chronom. sur le T. M. du lieu, au moment du midi vrai de ce lieu.

| | | | |
|---|---|---|---|
| T. V. du lieu , le 2 à midi , | 0ʰ 0ᵐ 0ˢ | Angle horaire , 43°43' (200) | cos. 9.85900 |
| Longitude en temps ± (13) , | + 20 28 | Distance PZ (74), 41 29 | tang. 9.94655 |
| T. V. de Paris (17) , le 2 à | 0 20 28 | Som.—10. tang. 1ᵉʳ segm. 9.80555 |
| Equation du temps ± (19) , | + 12 25, 3 | Distance AP (73), 97°12' | Cᵗ sin. 0.00345 |
| T. M. de Paris , le 2 à | 0 32 49, 3 | 1ᵉʳ segm. AD (97), 32 35 | Cᵗ sin. 0.26879 |
| Déclinaison du ⊙ (36) , | 7°12' A | 2ᵉ segm. PD (147), 64 37 | sin. 9.95591 |
| Changement moyen en 24ʰ (198) , | — 22' 54", 0 | Angle horaire, 43 43 | cotang.10.01944 |
| | | Changem. en déclin. } 5' 34" | . log. 2.52375 |
| 1ʳᵉ heure au chronomètre , | 21ʰ 4ᵐ31ˢ | proport. à l'interv. } | |
| 2ᵉ heure id. | 2 54 13 | Nombre constant , 30. | Cᵗ log. 8.52288 |
| Différence. Intervalle (136) , | 5 49 42 | Somme—30. 1.29422 |
| 1/2 différence. Demi-interv. (199) , | 2 54 51 | Equat. des haut. corresp. ∓ (201) , — 19ˢ, 7 |
| En arc (14). Angle horaire , | 43°43' | Heure appr. du chron. à M. V. 23ʰ 59ᵐ22ˢ, 0 |
| | | Heure exacte du chron. à M. V. 23 59 2, 3 |
| Heure appr. du chron. à M.V. (250) 23ʰ 59ᵐ22ˢ | | T. M. du lieu à M. V. (202) 0 12 25, 3 |
| | | Etat absolu du chron. sur le T.M. + 13 23 |

N° 26.

## CONVERSION D'UN INTERVALLE DE T. V. EN INTERVALLE DE T. M.

Quel est , en T. M. , l'intervalle de temps qui se trouve entre le 11 avril 1854 à 18ʰ 47ᵐ 12ˢ T. V. et le 5 mai à 3ʰ 21ᵐ 17ˢ,4 T. V. ? (Ces deux T. V. sont supposés temps vrais de Paris (17). )

| | | | |
|---|---|---|---|
| 1ʳᵉ époque. T. M. le 11 avril , à | 18ʰ47ᵐ12ˢ, 0 . . . . . | Equation du temps (36) , | + 0ᵐ50ˢ, 5 |
| 2ᵉ époque. T. V. le 5 mai , à | 3 21 17, 4 | Id. | — 3 31, 0 |
| Différ. (218) Interv. en T. V. | 23ʲ 8 34 5, 4 | Différ. de l'éq. du t. (11, 12), | — 4 21, 5 |
| Différ. de l'équation du temps ± , | — 4 21, 5 | | |
| Intervalle demandé en T. M. | 23ʲ 8 29 43, 9 | | |

N° 27.

## CONVERSION D'UN INTERVALLE DE T. M. EN INTERVALLE DE T. V.

Quel est , en T. V. , l'intervalle de temps qui se trouve entre le 11 avril 1854 à 18ʰ 48ᵐ 2ˢ, 5 T. M. , et le 5 mai à 3ʰ 17ᵐ 46ˢ,4 T. M. ? (Ces deux T. M. sont supposés T. M. de Paris (17). )

| | | | |
|---|---|---|---|
| 1ʳᵉ époque. T. M. le 11 avril à | 18ʰ48ᵐ 2ˢ, 5 . . . . . | Equation du temps (36) , | + 0ᵐ50ˢ, 5 |
| 2ᵉ époque. T. M. le 5 mai à | 3 17 46, 4 | Id. | — 3 31, 0 |
| Différ. (218) Interv. en T. M. | 23ʲ 8 29 43, 9 | Diff. de l'éq. du t. (11, 12), | — 4 21, 5 |
| Diff. de l'éq. du t. (signe contr.) ∓, | + 4 21, 5 | | |
| Intervalle demandé en T. V. | 23ʲ 8 34 5, 4 | | |

## N° 28.

### DÉTERMINATION DE LA MARCHE D'UN CHRONOMÈTRE,

*à l'aide de deux états absolus de ce Chronomètre sur le Temps Moyen.*

#### PREMIER EXEMPLE.

Le 10 mars 1854, à 19ʰ 22ᵐ 5ˢ,5 T. M., l'état du chronomètre était — 0ʰ 48ᵐ 43ˢ, 2.
Le 19 mars suivant, à 4 46 12,3 *id.* cet état était devenu — 0 41 52, 6.
On demande la marche diurne du chronomètre sur le temps moyen.

| | | | |
|---|---|---|---|
| 1ʳᵉ époque (89), le 10 mars à | 19ʰ 22ᵐ | Premier état, | — 0ʰ48ᵐ43ˢ, 2 |
| 2ᵉ *id.* le 19 | 4 46 | Second état, | — 0 41 52, 6 |
| Intervalle (218), | 8 jours 9 24 | Marche dans l'int. (90), | + 6 50, 6 = 410ˢ, 6 |
| | *ou* (8) 8,3917 jours. | Marche diurne (91), $\frac{410^s, 6}{8,3917}$ *ou* + 48ˢ, 93 | |

#### SECOND EXEMPLE.

Le 22 mars 1854, à 4ʰ49ᵐ56ˢ du soir T. M., le chronomètre avançait de 1ᵐ18ˢ,0 sur le T. M.
Le 30 mars suivant, à 7ʰ 23ᵐ 40ˢ du matin, le chronomètre retardait de 0ᵐ 9ˢ,9 sur le T. M.
On demande la marche de ce chronomètre.

| | | | |
|---|---|---|---|
| 1ʳᵉ époque (89), le 22 à | 4ʰ 50ᵐ | Premier état, | + 1ᵐ18ˢ, 0 |
| 2ᵉ *id.* le 29 | 19 24 | Second état, | — 0 9, 9 |
| Intervalle (218), | 7 jours 14 34 | Marche dans l'int. (90), | — 1 27, 9 *ou* —87ˢ,9 |
| | *ou* (8) 7,6069 jours. | Marche diurne (91), | $\frac{-87, 9}{7,6069}$ *ou* —11ˢ,56 |

---

## N° 29.

### DÉTERMINATION *de la marche d'un Chronomètre, par deux passages du Soleil au méridien.*

On a obtenu, pour deux passages du ⊙ au méridien d'un lieu situé par 129° 45′ de longit. E :

| | |
|---|---|
| Le 12 avril 1854, heure au chron. | 0ʰ 0ᵐ10ˢ, 0 |
| Le 20 avril suivant, | 23 59 50, 1 |
| Différence pour 8 jours (204), | — 0 19, 9 |
| Longitude en temps (13), | — 8ʰ 39ᵐ |
| T. V. de Paris (205), le 11 et le 19, | 15 21 |
| Le 11, équation du temps (36), | + 0ᵐ52ˢ, 3 |
| Le 19, | — 1 4, 6 |
| Différence algébrique (12, 11), | — 1 56, 9 |
| Différ. des heures au chronom., | — 0 19, 9 |
| Marche pour l'interv. 8ʲ (12, 11), | + 1 37, 0 |
| Marche pour un jour (ici le 8ᵉ), | + 12, 12 |

## N° 30.

### DÉTERMINATION *de la marche d'un Chronomètre, par deux passages d'une étoile à un même point du ciel.*

On a observé les deux passages suivants de l'étoile *Sirius*, à un même point du ciel :

| | |
|---|---|
| Le 11 mai 1854, heure au chron. | 5ʰ36ᵐ12ˢ, 54 |
| Le 15 mai suivant, | 5 12 47, 30 |
| Diff. pour les j. sid. (*ici*, 4ʲ) (12), | — 23 25, 24 |
| Pour un jour (ici, c'est le quart), | — 5 51, 30 |
| Constante (accélér. diurne des ★) | + 3 55, 91 |
| Marche du chronomètre sur le T. M. en un jour sidéral (9), | — 1 55, 39 |
| Un 365ᵉ de cette marche (206), | 0, 31 |
| Marche du chronomètre sur le T. M. en 1 jour moyen (207), | — 1 55, 70 |

## N° 31.

### DÉTERMINATION DE LA MARCHE D'UN CHRONOMÈTRE,

#### A L'AIDE D'UNE PENDULE ASTRONOMIQUE.

On a trouvé, par deux comparaisons d'un chronomètre à une pendule astronomique dont la marche diurne sur le T. M. est $+ 40^s, 20$ :

1re *comparaison*. Le 4 mai, $8^h 17^m 11^s, 0$ à la pendule;     $8^h 20^m 19^s, 0$ au chronomètre.

2e *comparaison*. Le 13 mai, 10 11 27, 6     *id.*     10 12 14, 2     *id.*

On demande la marche diurne du chronomètre sur le T. M.     (238)

Le 4 mai, hre de pend. p= $8^h 17^m 11^s, 0$; chron. c= $8^h 20^m 19^s, 0$     $10^h 13^m$ : $1^j$ :: $12^s, 7 : x$, ou

Le 13,     p'=10 11 27, 6     c'=10 12 14, 2     $1453^m$ : $1440^m$ :: $11^s, 7 : x$; d'où

Intervalle 9 jours, p'—p= 1 54 16, 6     c'—c= 1 51 55, 2     $x$ Marche de c sur pend. —12s, 6

Pour 1 jour (ici le 9e),     0 12 41, 8     0 12 29, 1     Marche de p. sur T. M.     +40, 2

                                                           0 12 41, 8

*Différence* (208). Marche du chronomètre sur la pendule, en 1 jour 0h 13m environ, } — 0 12, 7     Marche diurne du chron. sur T. M. } (209) +27, 6

---

| N° 32. | N° 33. |
|---|---|
| CONVERSION *d'un intervalle de T. M. ou de T. V. en intervalle au chronomètre.* | CONVERSION *d'un intervalle au chronom. en intervalle de T. M. ou de T. V.* |

1° Le 17 mars 1854, il s'est écoulé, entre deux observations, un intervalle de $5^h 40^m 8^s, 29$ de T. M.; on demande l'intervalle correspondant sur un chronomètre dont la marche est —40s,1.

Intervalle donné en T. M.     $5^h 40^m 8^s, 29$
Marche prop. à l'interv. ± (210),     — 9, 49
Intervalle demandé au chronom.     5 39 58, 80

2° Le 17 mars 1854, il s'est écoulé, entre deux observations, un intervalle de $5^h 40^m 12^s, 47$ T. V. On demande quel est l'intervalle correspondant sur un chronomètre dont la marche est —40s,10 en un jour moyen.

Marche du chronom. sur le T. M.     — 40s, 10
Diff. de l'équat. du t. du 17 au 18, } ou Marche du T. M. sur T. V. (12) } — 17, 75
Marche du chron. sur le T. V. (9)     — 57, 85
Marche prop. à l'interv. ± (210),     — 13, 66
Intervalle donné en T. V.     $5^h 40^m 12^s, 47$ }
Intervalle demandé au chronom.     5 39 58, 81

1° Le 17 mars 1854, il s'est écoulé, entre deux observations, un intervalle de $5^h 39^m 58^s, 80$, sur un chronomètre dont la marche est —40s,10. On demande l'intervalle correspondant en T. M.

Intervalle donné au chronomètre, 5h39m58s, 80
Marche prop. à l'interv. ∓ (211),     + 9, 49
Intervalle demandé en T. M.     5 40 8, 29

2° Le 17 mars 1854, il s'est écoulé, entre deux observations, un intervalle de $5^h 39^m 58^s, 80$, à un chronomètre dont la marche est —40s,10. On demande l'intervalle correspondant en T. V.

Marche du chronom. sur le T. M.     — 40s, 10
Diff. de l'éq. du t. du 17 au 18 (12),     — 17, 75
Marche du chron. sur le T. V. (9),     — 57, 85
Marche prop. à l'interv. ∓ (211),     + 13, 66 }
Intervalle donné au chronom.     $5^h 39^m 58^s, 80$ }
Intervalle demandé en T. V.     5 40 12, 46

*Remarque.* — On aurait pu passer d'abord de l'intervalle au chronomètre à l'intervalle en T.M., et de celui-ci à l'intervalle en T. V.

## N° 34.

Connaissant les T. M. de deux époques, la marche diurne du chronomètre et l'heure qu'il indique à l'une de ces époques, trouver l'heure qu'il indique à l'autre.

| PREMIER EXEMPLE. | SECOND EXEMPLE. |
|---|---|
| Le 19 février 1854, à 17ʰ 40ᵐ 19ˢ,3 T. M., l'état absolu du chronomètre est — 1ʰ 56ᵐ 12ˢ,7 ; il a pour marche +31ˢ,72. Quelle heure marquera-t-il le 2 mars suivant, à 2ʰ 1ᵐ 47ˢ,2 T. M. ? | Le 6 juin 1854, à 10ʰ 21ᵐ 47ˢ T. M., le chronomètre dont la marche est — 47ˢ,3 indiquait l'heure 3ʰ 10ᵐ 28ˢ,4. Quelle heure a-t-il dû marquer le 24 mai précédent, à 14ʰ 10ᵐ 0ˢ,0 T. M. ? |

| | | PREMIER | | | SECOND | |
|---|---|---|---|---|---|---|
| T. M. à la 1ʳᵉ époque, le 19 février, | 17ʰ40ᵐ19ˢ, 3 | | T. M. à la 1ʳᵉ époque, 24 mai, | 14ʰ 10ᵐ 0ˢ, 0 | | |
| T. M. à la 2ᵉ époque, le 2 mars, | 2 1 47, 2 | | T. M. à la 2ᵉ époque, 6 juin, | 10 21 47, 0 | | |
| Interv. en T. M. (214), 10 jours, | 8 21 27, 9 | | Interv. en T. M. (214), 12 jours, | 20 11 47, 0 | | |
| Marche pour l'intervalle ± (210), | + 5 28, 0 | | Marche pour l'intervalle ± (210), | — 10 7, 4 | | |
| Intervalle au chronomètre (212), | 8 26 55, 9 | | Intervalle au chronomètre (212), | 20 1 39, 6 | | |
| Heure du chron. à la 1ʳᵉ ép. (213), | 15 44 6, 6 | | Heure du chron. à la 2ᵉ époque, | 3 10 28, 4 | | |
| Heure dem. du chr. à la 2ᵉ époque, | 0 11 2, 5 | | Heure du chron. à la 1ʳᵉ époque, | 7 8 48, 8 | | |

## N° 35.

Connaissant les heures d'un chronomètre à deux dates différentes, sa marche et le T. M. du lieu à l'une de ces dates, trouver le T. M. correspondant de l'autre.

| PREMIER EXEMPLE. | SECOND EXEMPLE. |
|---|---|
| Le 19 février 1854, à 17ʰ 40ᵐ 19ˢ,3 T. M., un chronomètre marque 15ʰ44ᵐ6ˢ,6 ; sa marche est +31ˢ,72. Le 2 mars suivant, lorsque ce chronomètre marque 0ʰ 11ᵐ 4ˢ,5, quelle est l'heure T. M. ? (On suppose 10 jours entiers d'écoulés.) | Le 6 juin 1854, à 10ʰ 21ᵐ 47ˢ T. M., l'état absolu d'un chronomètre est — 7ʰ 11ᵐ 18ˢ,6 ; sa marche —47ˢ,30. Le 24 mai précédent, lorsque 7ʰ 8ᵐ 48ˢ,8, quelle était l'heure correspondante T. M. ? (On suppose 12 jours entiers d'écoulés.) |

| | | |---|---|
| Heure du chron. à la 1ʳᵉ ép. 19 fév. | 15ʰ44ᵐ 6ˢ, 6 | | Heure du chron. à la 1ʳᵉ ép. 24 mai, | 7ʰ 8ᵐ48ˢ, 8 |
| Heure à la 2ᵉ, 2 mars, | 0 11 2, 5 | | Heure à la 2ᵉ (213) 6 juin, | 3 10 28, 4 |
| Intervalle au chronomètre (214), | 8 26 55, 9 | | Intervalle au chronomètre (214), | 20 1 39, 6 |
| Marche pʳ les jours ∓ (215, 211), | — 5 17, 2 | | Marche pʳ les jours ∓ (215, 211), | + 9 27, 6 |
| Intervalle approché en T. M., | 8 21 38, 7 | | Intervalle approché en T. M., | 20 11 7, 2 |
| Marche pʳ h. et m. (8ʰ 22ᵐ environ), | — 0 10, 8 | | Marche pʳ h. et m. (20ʰ 11ᵐ envir.), | + 0 39, 8 |
| Intervalle exact en T. M., | + 8 21 27, 9 | | Intervalle exact en T. M., | — 20 11 47, 0 |
| T. M. donné à la 1ʳᵉ époque, | 17 40 19, 3 | | T. M. donné à la 2ᵉ époque, | 10 21 47, 0 |
| T. M. demandé de la 2ᵉ ép. (216), | 2 1 47, 2 | | T. M. demandé de la 1ʳᵉ ép. (216), | 14 10 0, 0 |

## N° 36.
### HEURE DE PARIS, DÉDUITE DE CELLE DU CHRONOMÈTRE,
*après plusieurs jours de navigation.*

| PREMIER EXEMPLE. | SECOND EXEMPLE. |
|---|---|
| Le 30 septembre 1854, à midi moyen de Paris, un chronomètre dont la marche est —10ˢ,44 indiquait 23ʰ 52ᵐ 11ˢ,1. Le 3 novembre suivant, quand ce chronomètre indiquait 4ʰ 20ᵐ 17ˢ,4, quelle était l'heure T. M. de Paris ? (Il y a 34 jours entiers d'écoulés.) | Le 1ᵉʳ mars 1854, à midi moyen de Paris, un chronomètre dont la marche est + 30ˢ,7 avait pour état — 1ʰ 11ᵐ 17ˢ,0. Le 20 mars suivant, à 20ʰ 50ᵐ 13ˢ,7 de ce chronom., quelle est l'heure de Paris T. M. ? (Il y a 19 jours entiers d'écoulés.) |

| | | |---|---|
| 1ʳᵉ heure au chronomètre, | 23ʰ52ᵐ11ˢ,1 | | 1ʳᵉ heure au chronomètre (213), | 22ʰ48ᵐ43ˢ |
| 2ᵒ id. | 4 20 17, 4 | | 2ᵒ id. | 20 50 13, 7 |
| Intervalle au chronomètre (214), | 4 38 6, 3 | | Intervalle au chronomètre (214), | 22 1 30, 7 |
| Marche pʳ les jours ∓ (215, 211), | + 5 55, 0 | | Marche pʳ les j. d'int. (215, 211), | — 9 43, 3 |
| Heure approchée de Paris, T. M. | 4 44 1, 3 | | Heure approchée de Paris, T. M. | 21 51 47, 4 |
| Marche pʳ h. et m. (4ʰ 44ᵐ environ), | + 2, 1 | | Marche pʳ h. et m. (21ʰ 52ᵐ environ), | — 28, 0 |
| H. M. dem. de Paris, le 3 novembre à | 4 44 3, 4 | | H. M. dem. de Paris, le 20 mars à | 21 51 19, 4 |

## N° 37.

### DÉTERMINATION DE L'ÉTAT ABSOLU D'UN CHRONOMÈTRE
*Sur le Midi moyen de Paris précédant une époque donnée.*

**PREMIER EXEMPLE.**

Le 7 octobre 1854, étant par 107° 11' de longitude E, à 14ʰ 30ᵐ 11ˢ T. M., le chronomètre indique l'heure 14ʰ 47ᵐ 52ˢ,4 ; sa marche est — 17ˢ,4.

On demande l'heure qu'indiquait le chronomètre au moment du midi moyen de Paris qui a précédé l'observation.

| | |
|---|---:|
| T. M. du lieu, le 7 octobre à | 14ʰ30ᵐ11ˢ, 0 |
| Longitude en temps (13) ± , | — 7 8 44, 0 |
| T. M. de Paris (17), le 7 à | 7 21 27, 0 |
| Marche prop. pᵣ 7ʰ 21ᵐ (210) ± , | — 5, 3 |
| Intervalle au chronomètre (217), — | 7 21 21, 7 |
| Heure donnée du chronomètre, | 14 47 52, 4 |
| Heure demandée du chronom. , | 7 26 30, 7 |

**SECOND EXEMPLE.**

Le 11 mai 1854, étant par 121° 49' de longitude O, à 18ʰ 16ᵐ 19ˢ,4 T. M., on a trouvé, pour état absolu d'un chronomètre, — 5ʰ 20ᵐ 0ˢ ; sa marche est + 44ˢ,7.

On demande l'heure qu'indiquait ce chronomètre au moment du midi moyen de Paris qui a précédé l'observation.

| | |
|---|---:|
| T. M. du lieu, le 11 mai à | 18ʰ16ᵐ19ˢ, 4 |
| Longitude en temps (13) ± , | + 8 7 16, 0 |
| T. M. de Paris (17), le 12 à | 2 13 35, 4 |
| Marche prop. pour 2ʰ 14ᵐ (210) ± , | + 4, 1 |
| Intervalle au chronomètre (217), — | 2 13 39, 5 |
| Heure du chronomètre (213), | 12 56 19, 4 |
| Heure demandée du chronomètre, | 10 42 39, 9 |

## N° 38.

### HEURE ACTUELLE DU BORD, DÉDUITE DE CELLE DU CHRONOMÈTRE,
*après quelques heures de navigation.*

**PREMIER EXEMPLE.**

On a reconnu, par un calcul d'angle horaire, qu'à 7ʰ 43ᵐ 51ˢ T. M. du bord, un chronomètre dont la marche est —22ˢ,7, indiquait 6ʰ 11ᵐ 19ˢ.

Environ 10 heures après, au moment où le chronomètre indique 16ʰ 17ᵐ 11ˢ, on demande l'heure T. M. du bord, le navire ayant fait 19' 30" en longitude vers l'Ouest.

| | |
|---|---:|
| Première heure au chronomètre, | 6ʰ11ᵐ19ˢ, 0 |
| Deuxième heure , | 16 17 11, 0 |
| Intervalle au chronom. (218), | 10 5 52, 0 |
| Marche pour cet int. ∓ (211), | + 9, 6 |
| Intervalle en T. M. , | 10 6 1, 6 |
| T. M. donné du lieu de l'angle h. | 7 43 51, 0 |
| Chemin en longitude ± (219), | — 1 18, 0 |
| Heure actuelle du bord T. M. (10), | 17 48 34, 6 |

**SECOND EXEMPLE.**

On a reconnu qu'un chronomètre dont la marche est +40ˢ,5, avait —5ʰ 19ᵐ 17ˢ,5 pour état, à 4ʰ 10ᵐ 19ˢ,7 T. M. du bord.

Quelques heures plus tard, et lorsque le chronomètre indique 3ʰ 31ᵐ 28ˢ,2, on veut l'heure du bord T. M. , sachant que le navire s'est déplacé de 10' 18" en longitude vers l'Est.

| | |
|---|---:|
| 1ʳᵉ heure au chronomètre (213), | 22ʰ 51ᵐ 2ˢ, 2 |
| 2° heure, | 3 31 28, 2 |
| Intervalle au chronomètre (218), | 4 40 26, 0 |
| Marche pour l'interv. ∓ (211), | — 7, 9 |
| Intervalle en T. M. | 4 40 18, 1 |
| T. M. donné du premier lieu, | 4 10 19, 7 |
| Chemin en longitude ± (219), | + 41, 2 |
| Heure actuelle du bord, T. M. (10), | 8 51 20, 0 |

## N° 39.

## CALCUL DE LA HAUTEUR DU SOLEIL, A L'AIDE DE L'HEURE DU LIEU.

**PREMIER EXEMPLE.**

Le 1ᵉʳ mars 1854, on a fait un calcul d'angle horaire, et l'on a trouvé qu'à 19ʰ 10ᵐ 12ˢ T. M. du bord, le chronomètre, dont la marche est — 41ˢ,2, avait pour état — 9ʰ 50ᵐ 12ˢ,0.

Quelques heures après, s'étant avancé de 11' 15" en longitude vers l'Est, et se trouvant alors par 36° 10' de latitude N et 147° 29' de longitude E, on demande la hauteur vraie et la hauteur apparente du centre du soleil, au moment où le chronomètre indique 13ʰ 58ᵐ 59ˢ.

| | | |
|---|---|---|
| 1ʳᵉ heure au chronomètre (213) , | | 9ʰ 20ᵐ 0ˢ |
| 2ᵉ heure **id.** | | 13 58 52 |
| Intervalle au chronomètre (218) , | | 4 38 52 |
| Marche proport. à l'interv. ∓ (211) , | + | 0 7 |
| Intervalle en T. M. ± (216) , | + | 4 38 59 |
| H. M. du lieu de l'angle hor., le 1ᵉʳ, | +19 10 12 | |
| Chem. en longit. 11'15"± (13, 219) | + | 0 45 |
| H. M. au lieu de l'arrivée (10), le 1ᵉʳ, | 23 49 56 | |
| Longitude en temps ± (13, 17) , | — 9 49 56 | |
| H. M. de Paris, le 1ᵉʳ mars , | 14 0 0 | |
| Déclinaison du ☉ (36) , | | 7° 22' 14"A |
| H. M. du lieu de l'arrivée , | 23ʰ49ᵐ56ˢ | |
| Equation du temps ∓ (36, 20) , | — 12 30 | |
| H. V. du lieu , | 23 37 26 | |
| Angle horaire P , en temps (96) , | 0 22 34 | |

| | | |
|---|---|---|
| Angle P (14) | 5°38',5 | cos. 9.99789 |
| Dist. PZ (74) | 53 50, 0 | tang. 10.13609 |
| *Som.*—10. Taug. 1ᵉʳ segm. PD 10.13398 (97) | | |
| Dist. AP ☉ (73) | 97° 22',2 | |
| 1ʳ segm. PD (35) | 53 42, 0 | Cᵗ cos. 0.22767 (34) |
| 2ᵉ segm. AD (147) | 43 40, 2 | cos. 9.85934 |
| Dist. PZ (74) | 53 50, 0 | cos. 9.77095 |
| *Som.*—10. Sin. haut. vr. | | 9.85796 |
| Hauteur vraie du centre du ☉, | | 46° 8' 25" |
| Réfraction—parall. ☉ (T. II, 98) , | | + 0 50 |
| Hauteur apparente du ⊖ , | | 46 9 15 |

**SECOND EXEMPLE.**

Le 20 août 1854, étant par 40° 3' 30" de latitude N et 53° 30' de longitude O, on a fait des observations de distances lunaires dont la moyenne correspond à 22ʰ 10ᵐ 6ˢ d'un chronomètre dont la marche diurne est + 18ˢ,0.

Environ 3ʰ 20ᵐ plus tard, après s'être avancé de 8' vers l'Est, un calcul d'angle horaire a fait connaître qu'à 1ʰ 30ᵐ 9ˢ du chronomètre, il était à bord 3ʰ 30ᵐ 32ˢ T. M.

On demande la hauteur vraie et la hauteur apparente du centre du soleil, au moment et au lieu de l'observation de la distance lunaire moyenne.

| | | |
|---|---|---|
| 1ʳᵉ heure au chronomètre (213) , | | 22ʰ10ᵐ 6ˢ |
| 2ᵉ heure **id.** | | 1 30 9 |
| Intervalle au chronomètre (218) , | | 3 20 3 |
| Marche prop. à l'interv. ∓ (211) , | — | 0 2,5 |
| Intervalle en T. M. ± (216) , | — 3 20 | 0,5 |
| H. M. du lieu de l'angle horaire , | + 3 30 32,0 | |
| Chem. en longit. 8'± (13, 219) | — | 0 32,0 |
| H.M. au mom. et lieu de la dist. le 20 | 0 9 59,5 | |
| Longitude en temps ± (13, 17) , | 3 34 0,0 | |
| H. M. de Paris , le 20 août , | 3 43 59,5 | |
| Déclinaison du ☉ (36) , | | 12° 26' 44" B |
| H. M. du lieu des distances , le 20 , | 0ʰ 9ᵐ59ˢ,5 | |
| Equation du temps ∓ (36, 20) , | — 3 11, 0 | |
| H. V. du lieu , le 20 , | 0 6 48, 5 | |
| Angle horaire P , en temps (96) , | 0 6 48, 5 | |

| | | |
|---|---|---|
| Angle P (14) | 1°42' 7" | cos. 9.9998284 |
| Dist. PZ (74) | 49 56 30 | tang. 10.0752887 |
| *Som.*—10. Tang. segm. PD 0.0751171 (97) | | |
| Dist. AP ☉ (73) | 77°33' 16 | |
| PD (35) | 49 55 50 | Cᵗ cos. 0.1913060 (34) |
| AD (147) | 27 37 26 | cos. 9.9474368 |
| Dist. PZ (74) | 49 56 30 | cos. 9.8085939 |
| *Som.*—10. Sin. haut. vr. | | 9.9473347 |
| Hauteur vraie du centre du ☉, | | 62°21' 0" |
| Réfraction—parall. ☉ (T. II, 98) , | | + 0 26 |
| Hauteur apparente du ⊖ , | | 62 21 26 |

## N° 40.

## CALCUL DE LA HAUTEUR D'UN ASTRE QUELCONQUE,
### A L'AIDE DE L'HEURE DU LIEU.

Le 1ᵉʳ janvier 1854, à midi moyen de Paris, un chronomètre dont la marche diurne sur le T. M. est —24ˢ,0, indiquait l'heure $c_0 = 0^h 56^m 50^s$.

Le 5 janvier suivant de Paris, la date du bord étant aussi le 5, par une latitude de 39° 54' N, on a trouvé, au moyen d'un calcul d'angle horaire, qu'à $21^h 44^m 28^s$ T. M. du bord, l'heure correspondante du chronomètre était $c = 21^h 54^m 58^s$.

Environ neuf heures après, le navire ayant changé en latitude 5' vers le N, et en longitude de 7' vers l'O, on veut calculer les hauteurs vraies et apparentes du centre de la lune et de la planète *Vénus*, au moment où l'heure du chronomètre est $c' = 6^h 54^m 44^s$.

| | | Lune ℂ | | Planète *Vénus* ♀. | |
|---|---|---|---|---|---|
| Chron. le 1ᵉʳ janv. | $c_0 = 0^h 56^m 50^s$ | Æ du méridien, | 26° 59' | Æ du méridien, | $1^h 47^m 55^s$ |
| Chron. le 6, au moment des hauteurs, | $c' = 6\ 54\ 44$ | Æ de la ℂ (36), | 22 35 | Æ de ♀ (220), | 22 16 0 |
| Interv. (247), 5i, | $c' - c_0 = 5\ 57\ 54$ | Angle hor. P ℂ (101), | 4 24 | Angle h. P de ♀ (101), | 3 31 55 |
| Marche pour l'interv. 5i 6ʰ envir. ∓(167), | + 2 6 | Déclinaison ℂ (36), | 5° 21' B | ou (14) | 52° 59' |
| T. M. de Paris, le 6 à | 6 0 0 | Parall. horiz. ℂ (36), | 55' 22" | Déclin. 10° 54'A. Paral. hor. 15" | |
| | | Ang. P ℂ 4° 24' | cos. 9.99872 | Ang. P ♀ 52° 59' | cos. 9.77963 |
| Chron. à l'angle h. | $c = 21^h 54^m 53^s$ | (74) PZ 50 1 | tang. 10.07644 | (74) PZ 50 1 | tang. 10.07644 |
| Chron. aux hautⁿˢ, | $c' = 6\ 54\ 44$ | *Som.*—10. tang. PD | 10.07516 | *Som.*—10. tang. PD 9.85607 | |
| Interv. (218), | $c' - c = 8\ 59\ 51$ | (73) AP 84° 39' | | (73) AP 100° 54' | |
| Marche pr. ∓(211), | + 0 9 | (35) PD 49 56 C' cos. 0.19133 | | (35) PD 35 41 C' cos. 0.09031 | |
| Intervalle en T. M. | 9 0 0 | (147) AD 34 43 | cos. 9.91486 | (147) AD 65 13 | cos. 9.62241 |
| T. M. du lieu de l'A. h. | 21 44 28 | (74) PZ 50 1 | cos. 9.80792 | (74) PZ 50 1 | cos. 9.80792 |
| Chemin en long. (219), | — 0 28 | *Som.*—10. sin. hʳ. | 9.91411 | *Som.*—10. sin. hʳ. 9.52064 | |
| T.M. du lieu des hʳˢ, le 6, | 6 44 0 | | | Haut. vraie de ♀, | 19° 52' |
| Æ moyenne ☉ (99), | 19 3 55 | Hauteur vraie ℂ, | 55° 8' | Réfr. (197)+2' 44" | |
| Æ du méridien (100), | 1 47 55 | Parall.—réfr. (102), | — 31 23" | Parall. (220)—14 | + 2 30" |
| *Id.* en arc (14), | 26° 59' | Haut. appar. ℂ, | 54° 36' 37" | Haut. appar. ♀, | 19 54 30 |
| Latit. du lieu de l'ang. h. | 39° 54'N | | | | |
| Chemin en latitude, | 5 N | | | | |
| Latit. du lieu des hʳˢ (40), | 39 59 N | | | | |

## N° 41.

**VARIATION DU COMPAS**, *déterminée par le passage d'un astre au méridien.*

| PREMIER EXEMPLE. | SECOND EXEMPLE. |
|---|---|
| A midi vrai, on relève le ☉ au SSO4°O du compas. On demande la variation. | Au moment du passage d'un astre au méridien, il est relevé au N1/4NO3°3o'O du compas. On demande la variation. |
| *Réponse.* Variation (110), 26° 3o' (103) NO. | *Réponse.* Variation (110), 14° 45' (103) NE. |

## N° 42.

**VARIATION DU COMPAS**, *déterminée à l'aide du passage d'un astre au premier vertical.* (Pour le calcul du passage, voir le N° 18).

| PREMIER EXEMPLE. | SECOND EXEMPLE. |
|---|---|
| On relève le soleil à l'OSO5°O du compas, au moment de son passage au premier vertical, le soir. On demande la variation. | On relève un astre à l'ESE3°3o' S du compas, au moment de son passage au premier vertical, à l'Est. On demande la variation. |
| *Réponse.* Variation (111), 17° 3o' (103) NE. | *Réponse.* Variation (111), 26° o' (103) NO. |

## N° 43.

**VARIATION DU COMPAS**, *déterminée à l'aide du passage d'un astre à son plus grand azimuth.* (Pour le calcul du passage, voir le N° 19.)

| PREMIER EXEMPLE. | | SECOND EXEMPLE. | |
|---|---|---|---|
| On relève le ☉ le soir, à l'O1/4NO du compas, au moment où il atteint son plus grand azimuth qui est de 68° 43' du nord vers l'ouest. On demande la variation. | | On relève le ☉ le matin, au SE1/4E3°E du compas, au moment où il atteint son plus grand azimuth qui est de 72°3o' du Sud vers l'Est. On demande la variation. | |
| Azimuth vrai, | N 68°43'O | Azimuth vrai, | S 72°3o'E |
| Azim. obs. au compas (108), | N 78 45 O | Azim. obs. au compas (108), | S 59 15 E |
| Variation demandée (109), | 10 2 (103) NE | Variation demandée (109), | 13 15 (103) NO |

## N° 44.

**CALCUL DE LA VARIATION DU COMPAS**, *par l'amptitude du Soleil au moment du lever ou coucher vrai de son centre.*

| PREMIER EXEMPLE. | | SECOND EXEMPLE. | |
|---|---|---|---|
| Le 5 mars 1854, vers 6ʰ 32ᵐ T. M. du matin, par une latitude de 41° 17' 18" N et une longitude de 103° 15' E, on a relevé le centre du soleil à l'ESE4° Sdu compas; il était alors à son lever vrai. On demande la variation. | | Le 3o mars 1854, par 48° 31' de latitude Sud et 103° 15' de longitude O, on a relevé le soleil à l'O1/4SO4°S du compas, à l'instant de son coucher vrai, qu'on présume avoir lieu vers 6ʰ 21ᵐ T. M. On demande la variation. | |
| T. M. appr. du lieu (69), le 4 mars à | 18ʰ 32ᵐ | T. M. présumé du lieu (69), le 3o à | 6ʰ 21ᵐ |
| Longitude en temps ± (13), | — 6 53 | Longitude en temps ± (13), | + 6 53 |
| T. M. approché de Paris (17), le 4 à | 11 39 | T. M. approché de Paris (17), le 3o à | 13 14 |
| Latitude, 41°17'18" | Cᵗ cos. 0.12413 (32) | Latitude, 48°31' | Cᵗ cos. 0.17888 (32) |
| Déclin. (36), 6 15 28 A | sin. 9.03744 | Déclin. ☉ (36), 3 58 N | sin. 8.83996 |
| *Somme.* Sin. ampl. | 9.16157 | *Somme.* Sin. ampl. | 9.01884 |
| Amplit. vr. ou calculée (104), | E 8°2o' S | Amplitude vraie (104), | O 6° o' N |
| Amplit. obs. au compas (105), | E 26 3o S | Amplitude observée (105), | O 15 15 S |
| Variation demandée (106), | 18 10 (103) NO | Variation demandée (106), | 21 15 (103) NE |

4

## N° 45.

### CALCUL DE VARIATION DU COMPAS, PAR L'AZIMUTH DU SOLEIL,

*au moment du lever ou du coucher apparent de l'un de ses bords.*

---

| PREMIER EXEMPLE. | SECOND EXEMPLE. |
|---|---|

**PREMIER EXEMPLE.**

Le 21 mars 1854, vers 6ʰ 5ᵐ T. M. du matin, par une latitude de 47° 9′ 59″ N et une longitude de 164° 45′ E, on a relevé le centre du soleil à l'ESE4°E du compas, au moment où son bord inférieur touchait l'horizon visible ; élévation de l'œil, 5,5 mètres.

On demande la variation.

| | | |
|---|---|---|
| T. M. approché du lieu (15), le 20 à | 18ʰ 5ᵐ | |
| Longitude en temps ± (17) , | — 10 59 | |
| T. M. approché de Paris, le 20 à | 7 6 | |
| Déclinaison du ☉ (36) , | 0° 3′ 22″A | |
| Distance de l'horiz. au zénith (71) , | 90° 0′ 0″ | |
| Dépression pour 5,5 mètres (T. I) , | + 4 11 | |
| Réfraction—parallaxe ☉ (T. II, 72) , | + 33 37 | |
| Demi-diamètre ∓ ☉ . | — 16 5 | |
| Distance vraie AZ (10) , | 90 21 43 | |

| | | | |
|---|---|---|---|
| Dist. AP (73) , 90° 3′, 4 | | | |
| *Id.* AZ | 90 21, 7 | (34) Cᵗ sin. 0.00001 | |
| *Id.* PZ (74), | 42 50, 0 | Cᵗ sin. 0.16758 | |
| Somme, | 223 15, 1 | | |
| Demi-somme, | 111 37, 5 | | |
| 1ᵉʳ reste (75), | 21 15, 8 | sin. 9.55950 | |
| 2ᵉ reste , | 68 47, 5 | sin. 9.96954 | |
| | | Somme, 19.69663 | |

**Demi-somme. Sin. 1/2 azim.** 9.84837

| | |
|---|---|
| Demi-azimuth , | 44° 51′ |
| Azimuth vrai du ☉ (107) , | N 89° 42′ E |
| Azim. au compas (29, 108) , | N 108 30 E |
| Variation demandée (109) , | 18 48 (103) NO |

**SECOND EXEMPLE.**

Le 2 mars 1854, par 39° 58′ 59″ de latitude S et 149° 59′ de longitude O, l'œil élevé de 15 pieds, on a relevé le ☉ au 6O1/4O4°O du compas, au moment du coucher apparent de son bord supérieur, qui a lieu vers 6ʰ 25ᵐ T. V.

On demande la variation.

| | | |
|---|---|---|
| T. V. approché du lieu (15), le 2 à | 6ʰ 25ᵐ | |
| Longitude en temps ± (17) , | +10 0 | |
| Equation du temps ± (19) , | + 12 | |
| T. M. appr. de Paris (10) , le 2 à | 16 37 | |
| Déclinaison du ☉ (36) , | 6°58′ A | |
| Distance de l'horizon au zénith (71), | 90° 0′ | |
| Dépression pour 15 pieds (T. I) , | + 4 | |
| Réfraction—parallaxe ☉ (T. II, 72) , | + 34 | |
| Demi-diamètre ∓ ☉ . | + 16 | |
| Distance vraie AZ (10) , | 90 54 | |

| | | | |
|---|---|---|---|
| Distance AP (73) , 83° 2′ | | | |
| *Id.* AZ | 90 54 | (34) Cᵗ sin. 0.00005 | |
| *Id.* PZ (74), | 50 1 | Cᵗ sin. 0.11654 | |
| Somme, | 223 57 | | |
| Demi-somme , | 111 58 | | |
| 1ᵉʳ reste (75), | 21 4 | sin. 9.55564 | |
| 2ᵉ reste , | 61 57 | sin. 9.94573 | |
| | | Somme, 19.61706 | |

**Demi-somme. Sin. 1/2 azim.** 9.80853

| | |
|---|---|
| Demi-azimuth , | 40° 3′ |
| Azimuth vrai (107) , | S 80° 6′ O |
| Azimuth au compas (108) , | S 60 15 O |
| Variation demandée (109) , | 19 51 (103) NE |

---

**N. B.** Pour déterminer la variation par l'azimuth du soleil au moment du lever ou du coucher apparent de son centre , il faudrait suivre le Type ci-dessus , sans faire entrer le demi-diamètre de cet astre dans la correction de la distance de l'horizon au zénith.

## N° 46.

## CALCUL DE VARIATION DU COMPAS, PAR L'AZIMUTH DU SOLEIL

*observé à une hauteur quelconque, loin du méridien.*

---

### PREMIER EXEMPLE.

Le 2 mars 1854, vers 4ʰ 50ᵐ T. M., par une latitude de 36° 10' N et une longitude de 147° 30' Est, on a observé la hauteur du bord inférieur du soleil, et on l'a trouvée de 11° 48' 0" ; erreur instrumentale, + 1' 15" ; élévation de l'œil, 5,2 mètres ; l'astre répondait alors au SO1/4O4°O du compas.

On demande la variation.

| | | |
|---|---|---|
| T. M. approché du lieu (69), le 2 à | 4ʰ 50ᵐ | |
| Longitude en temps ± (13), | — 9 50 | |
| T. M. approché de Paris (17), le 1ᵉʳ à | 19 0 | |
| Déclinaison du ☉ (36), | 7° 17' 28" A | |
| Hauteur observée ☉, | 11° 48' 0" | |
| Erreur instrumentale ± (78), | + 1 15 | |
| Dépression pour 5,2 mèt. (T. I, 79), | — 4 3 | |
| Réfraction—parallaxe ☉ (T. II, 80), — | 4 27 | |
| Demi-diamètre du ☉ ± (81), | + 16 10 | |
| Hauteur vraie ⊖ (10), | 11 56 55 | |
| Distance AP (73), 97° 17', 5 (4) | | |
| *Id.* AZ (82), 78 3, 1 (32) | Cᵗ sin. 0.00951 | |
| *Id.* PZ (74), 53 50, 0 | Cᵗ sin. 0.09296 | |
| Somme, | 229 10, 6 | |
| Demi-somme, | 114 35, 3 | |
| 1ᵉʳ reste (75), | 36 32, 2 | sin. 9.77476 |
| 2ᵉ reste, | 60 45, 3 | sin. 9.94078 |
| | Somme, | 19.81801 |
| *Demi-somme.* Sinus demi-azimuth, | 9.90900 | |
| Demi-azimuth, | 54° 11', 4 | |
| Azimuth vrai du ☉ (107), | N 108° 23'O | |
| Azimuth ☉ au compas (108), | N 119 45 O | |
| Variation demandée (109), | 21 22 (103) NE | |

### SECOND EXEMPLE.

Le 30 mars 1854, vers 7ʰ 18ᵐ du matin T. V., étant par 39° 56' 4" de latitude N, et 40° 29' 11" de longitude O, l'œil élevé de 13 pieds, on a observé la hauteur ☉ de 18° 0' 50" (— 2' 10"), et l'astre répondait alors à l'E1/4NE1•E du compas.

On demande la variation.

| | | |
|---|---|---|
| T. V. approché du lieu (69), le 29 à | 19ʰ 18ᵐ | |
| Longitude en temps ± (13), | + 2 42 | |
| Equation du temps ± (19), | + 5 | |
| T. M. approché de Paris (10), le 29 à | 22 5 | |
| Déclinaison du ☉ (36), | 3° 43' B | |
| Hauteur observée ☉, | 18° 1' | |
| Erreur instrumentale ± (78), | — 2 | |
| Dépression pour 13 pieds (T. I, 79), | — 4 | |
| Réfraction—parallaxe ☉ (T. II, 80), | — 3 | |
| Demi-diamètre du ☉ ± (81), | — 16 | |
| Hauteur vraie ⊖ (10), | 17 36 | |
| Distance AP (73), 86° 17' | | |
| *Id.* AZ (82), 72 24 (32) | Cᵗ sin. 0.02082 | |
| *Id.* PZ (74), 50 4 | Cᵗ sin. 0.11532 | |
| Somme, | 208 45 | |
| Demi-somme, | 104 23 | |
| 1ᵉʳ reste (75), | 31 59 | sin. 9.72401 |
| 2ᵉ reste, | 54 19 | sin. 9.90969 |
| | Somme, | 19.76984 |
| *Demi-somme.* Sinus demi-azimuth, | 9.88492 | |
| Demi-azimuth, | 50° 6' | |
| Azimuth vrai du ☉ (107), | N 100° 12'E | |
| Azimuth ☉ au compas (108), | N 79 45 E | |
| Variation demandée (109), | 20 37 (103) NO | |

## N° 47.

### DÉTERMINATION DE VARIATION DU COMPAS,

*à l'aide d'un relèvement astronomique* (112).

---

Le 9 mars 1854, vers 7ʰ 20ᵐ du matin, T. V., étant par 17° 50' de latitude N et 2° 45' de longitude Est, l'œil élevé de 8,1 mètres, on a observé la hauteur d'un objet près de l'horizon de 2° 18' (— 3'), celle du ☉ de 17° 15' (+ 2), et la distance du sommet de l'objet au bord voisin du ☉ de 51° 37' ; l'objet se trouvait à droite du soleil, et son gisement était le S1/4SE1°S du compas.

On demande le gisement vrai de l'objet relevé, et la variation du compas.

PRÉPARATION DU CALCUL.

T. V. appr. du lieu (69), le 8 à    19ʰ 20ᵐ
Longitude en temps ± (17),    — 0 11
Equation du temps ± (19),    + 11
T. M. appr. de Par. (10), le 8 à    19 20

Déclinaison du ☉ (36),    4° 35' A

Hauteur observée ☉,    17° 15'
Erreur instrumentale ± (78),    + 2
Dépress. p^r 8,1 mètres (79),    — 5
Demi-diamètre ☉ ± (81),    + 16
Hauteur apparente ⊖ (10),    17 28
Réfraction—parallaxe ☉ (80),    — 3
Hauteur vraie ⊖,    17 25

Hauteur observée de l'objet,    2° 18'
Erreur instrumentale ± (78),    — 3
Dépress. p^r 8,1 mètres (79),    — 5
Haut. appar. de l'objet (10),    2 10

Dist. observée du ☉ à l'objet,    51° 37'
Erreur instrumentale ± (78),    »
Demi-diamètre du ☉ ± (81),    + 16
Distance appar. du centre}
    du ☉ à l'objet (10),    }    51 53

CALCUL DE L'AZIMUTH DU SOLEIL.

Distance AP (73),    94° 35'
Dist. vraie AZ (82),    72 35    (32)    C^t sin. 0.02038
Distance PZ (74),    72 10    C^t sin. 0.02139
Somme,    239 20
Demi-somme,    119 40
1^er reste (75),    47 5    sin. 9.86472
2^e reste,    47 30    sin. 9.86763
    Somme, 19.77412
*Demi-somme.* Sin. demi-azimuth,    9.88706
Demi-azimuth du soleil,    50° 27'
Azimuth du soleil (107),    N 100 54 E

CALCUL DE LA DIFF. D'AZIM. DU ☉ ET DE L'OBJET.

Dist. appar. du ☉ à l'objet, 51° 53'
Distance appar. AZ (113),    72 32    C^t sin. 0.02050
Dist. app. de l'obj. au z. (114),    87 50    C^t sin. 0.00031
Somme,    212 15
Demi-somme,    106 8
Premier reste (75),    34 36    sin. 9.75423
Second reste,    18 18    sin. 9.49692
    Somme, 19.27196
*Demi-somme.* Sin. demi-différ. d'azimuth,    9.63598
Demi-différence d'azimuth,    25° 38'
Différence d'azimuth du ☉ et de l'objet,    51 16

CONCLUSION.

Azimuth du ☉ (107),    N 100° 54' (115) à droite
Différ. d'azimuth ☉ et de l'objet,    51 16    à droite
Azimuth vrai de l'objet (116),    N 152 10    à droite
Azim. de l'obj. au comp. (108),    N 169 45 E ou à droite
Variation demandée (109),    17 35 (103) NO

## Nº 48.

RELÈVEMENT ASTRONOMIQUE, *avec détermination de la variation du compas,
de la position du navire et de l'erreur du chronomètre.*

Le 19 août 1854, à midi moyen de Paris, un chronomètre, dont la marche diurne sur le T. M.
est —19ˢ,5, indiquait l'heure $c_0 = 22^h 12^m 32^s$.

Le 8 septembre suivant de Paris, la date du bord étant le 9 au matin, lorsque l'heure du chronomètre était $c = 18^h 1^m 2^s,8$, on a relevé au SSE2°E du compas un Point terrestre en vue, situé par
une latitude de 18° 6′ 30″ S et une longitude de 9° 38′ 45″ O, et distant du navire de huit milles ;
variation présumée, 26° NO. Au même instant, l'élévation de l'œil étant 4,4 mètres, on a obtenu :

Hauteur observée du Point terrestre ,     2° 58′
Hauteur observée ☉ dans l'est du méridien ,   17 14      }   L'objet se trouvait situé à droite du ☉.
Dist. obs. du Point terr. au bord voisin du ☉ ,   51 37

On demande les azimuths du Soleil et du Point terrestre, la variation du compas, la véritable
position du navire (194), l'heure du bord, T. M., la longitude donnée par le chronomètre, ainsi
que l'erreur totale dont elle est affectée.

| | | CALCUL DE L'AZIMUTH DU ☉. | CALCUL DE LA DIFFÉRENCE D'AZI-MUTH DU ☉ ET DU POINT. |
|---|---|---|---|
| Relèvem. corrigé de variat. présum. } | S 50° 30′ E | | |
| Rumb opposé , | N 50 30 O | Distance AP 95° 25′ | D. ap. au ☉ 51° 53′ |
| Cos. de ce rumb , | 9.80351 | Dist. vr. AZ 72 37 Cᵗ sin. 0.02031 | Dist. ap. AZ 72 34 Cᵗ sin. 0.02043 |
| Milles , 8,0, ou 480″, | 2.68124 | Distance PZ 71 59 Cᵗ sin. 0.02185 | D. du P au Z 87 6 Cᵗ sin. 0.00056 |
| Chemin NS , log. | 2.48475 | Somme , 240 1 | Somme , 211 33 |
| Changem. en latit. | 0° 5′ 5″ N | 1/2 som. 120 0 | 1/2 som. 105 46 |
| Latitude du point , | 18 6 30 S | 1ᵉʳ reste , 47 23 sin. 9.86682 | 1ᵉʳ reste , 33 12 sin. 9.73851 |
| Lat. appr. du bord , | 18 1 25 S | 2ᵉ reste , 48 1 sin. 9.87119 | 2ᵉ reste , 18 40 sin. 9.50542 |
| $C_0$, le 19 août , | 22ʰ12ᵐ32ˢ,0 | Somme , 19.78017 | Somme , 19.26492 |
| C, le 8 septemb. | 18 1 2,8 | *Demi-som.* Sin. 1/2 azim. 9.89008 | 1/2 *som.* Sin. 1/2 diff. d'az. 9.63246 |
| Interv. au chron. | 19 48 30,8 | *Demi-azimuth* , 50° 56′ | 1/2 diff. d'azim. 25° 24′ |
| (20 j. écoulés.) (167) | | Azimuth du ☉ (107) , S 101 52 E | Dif. d'az. ☉ et P. 50 48 à droite |
| Marche pʳ l'interv. | + 6 46,3 | | Azim. ☉ (115) S 101 52 à gauche |
| T. M. de P., le 8 à | 19 55 17,1 | Azimuth vrai du point terr. en vue (116), | S 51 4 à G. ou E |
| Déclin. ☉ (36) , | 5°25′15″ B | Relèvem. du point terr. au compas (108) , | S 24 30 E |
| Haut. observ. ☉, | 17°14′00″ | Variation exacte du compas (109) , | 26 34 (103) NO |
| Dépression (T. I) , | — 3 45 | | |
| Demi-diamètre , | + 15 55 | | |
| Haut. appar. ⊕ , | 17 26 10 | Relèvem. corrigé de la vraie variation, } | S 51° 4′ E |
| Réfract.—parall. , | — 2 58 | Rumb opposé , N 51 4.0 | Comp. cos. latit. moy. 0.02196 |
| Hauteur vraie ⊕ , | 17 23 12 | Cos. de ce rumb , 9.79825 | sin. rumb., 9.89091 |
| Hauteur obs. du Point , | 2° 58′ | Milles 8′=480″, 2.68124 | Milles 8′=480″, 2.68124 |
| Dépression , | — 4 | Chemin NS , log. 2.47949 | Diff. en long. log. 2.57215 |
| Haut. appar. du Point , | 2 54 | Changem. en latitude , 5′ 2″N | Différ. en longitude , 0° 6′ 13″O |
| Dist. obs. du P. au ☉, | 51°37′ | Latit. du point terr. , 18°6 30 S | Longit. du point terr. 9 38 45 O |
| 1/2 diam. du ☉ ±, | + 16 | Latit. vraie du bord , 18 1 28 S | Longit. vr. du bord 9 44 58 O |
| Dist. app., au centre , | 51 53 | Latitude moyenne , 18 4 | *Id.* en temps , 38ᵐ59ˢ,9 |

*Suivez à la page* 30.

*Suite du Calcul* N° 48.

| CALCUL DE L'ANGLE HORAIRE. | | | T. M. DE PARIS ET ERREUR DU CHRONOMÈTRE. | | |
|---|---|---|---|---|---|
| Distance vraie AZ (82) | 72° 36',8 | | Angle horaire , | | 4h 38m 53s, 6 |
| *Id.* AP (73) | 95 25, 2 | C' sin. 0.00195 | § T. V. du bord (77) , le 8 à | 19 21 6, 4 |
| *Id.* PZ (74) | 71 58, 5 | C' sin. 0.02185 | Longitude vr. du bord ± (17) , | + 38 59, 9 |
| Somme , | 240 00, 5 | | T. V. de Paris , le 8 septemb. à | 20 0 6, 3 |
| Demi-somme , | 120 00, 2 | | § Equation du temps (36, 19) , | — 2 39, 5 |
| Premier reste (75) , | 24 35, 0 | sin. 9.61912 | T. M. du bord , le 8 à | 19 18 26, 9 |
| Second reste , | 48 1, 7 | sin. 9.87127 | T. M. de Paris , par le chron. | 19 55 17, 1 |
| | Somme , | 19.51419 | Longit. du bord , par le chron. , | 36 50, 2 |
| *Demi-somme*. Sin. demi-angle horaire , | | 9.75710 | La même , en arc , | 9° 12', 6 0 |
| Demi-angle horaire , | 34° 51',7 , × 8 | | Longitude vraie du bord , | 9 45, 0 0 |
| Angle horaire en temps , | 4h 38m 53s, 6 | | Erreur de la long. par le chron. , 32',4 trop à l'E |

Le Calcul précédent étant un peu compliqué, nous allons en exposer succinctement la marche.

1° Avec les milles de distance et le relèvement corrigé de la variation présumée et pris en sens contraire , on trouvera la latitude approchée du navire , soit par le calcul trigonométrique, comme nous l'avons fait , soit par le quartier ou la table de point (Type N° 6 , 1°).

2° De l'heure du chronomètre au moment de l'observation, on conclura le T. M. correspondant de Paris (Type N° 36) ; on y réduira la déclinaison du soleil.

3° Conformément au type N° 47 , on calculera le relèvement astronomique du point terrestre et la vraie variation du compas ; le tout en minutes entières.

4° A l'aide de cette variation , du rumb au compas pris à rebours et des milles de distance , on déterminera la position géographique exacte du navire (Type N° 6 , 1°).

5° On fera un calcul d'angle horaire du soleil , en employant la latitude exacte que l'on vient de trouver, et on cherchera le T. M. du bord (Type N° 17).

6° La différence entre ce T. M. et le T. M. de Paris conclu de l'heure du chronomètre sera , en temps , la longitude du bord , donnée par cet instrument ; et la différence entre cette longitude et la vraie précédemment trouvée sera l'erreur dont la longit. obtenue par le chron. se trouve entachée.

## N° 49.

## CALCUL DE L'HEURE DU PASSAGE D'UNE PLANÈTE AU MÉRIDIEN (220).

| PREMIER EXEMPLE. | | SECOND EXEMPLE. | |
|---|---|---|---|
| Le 18 mars 1854 , on demande l'heure du passage de la planète *Jupiter* au méridien d'un lieu situé par 119° 59' de longitude Est. | | Le 24 décembre 1854 , on demande l'heure du passage de la planète *Saturne* au méridien d'un lieu situé par 119° 59' de longitude Ouest. | |
| Passage du 13 mars , à | 20h 8m, | Passage du 16 décembre , | 10h 59m, |
| du 21 | 19 42 | du 26 | 10 17 |
| Différ. pour 8 révolutions diurnes , | — 0 26 | Différ. pour 10 révolutions diurnes , | — 42 |
| Du 13 au 18, il y a 5 jours. | | Du 16 au 24, il y a 8 jours. | |
| Partie prop. de la diff. pr 5j, 16,2 | | Partie prop. de la diff. pr 8j, 33,6 | |
| Pour 8h de longit. (222), — 1,1 | | Pour 8h de longit. (222), + 1,7 | |
| 15,1 | — 15 ° | 35,3 | — 35 ° |
| Passage demandé , le 18 mars à | 19h 53m | Passage demandé , le 24 décembre à | 10h 24m |

## N° 50.

### CALCUL DE L'HEURE DU PASSAGE DE LA LUNE AU MÉRIDIEN (63).

On demande l'heure T. M. du passage de la lune au méridien d'un lieu situé par :

| PREMIER EXEMPLE. | | | SECOND EXEMPLE. | | |
|---|---|---|---|---|---|
| 104° 59' de longitude O , le 5 janvier 1854. | | | 104° 59' de longitude E, le 5 janvier 1854. | | |
| Longitude en temps , environ | 7$^h$ 0$^m$ | | Longitude en temps , environ | 7$^h$ 0$^m$ | |
| Passage ☾ à Paris (64), le 5 à | 5$^h$ 44$^m$* | | Passage ☾ à Paris (64), le 4 à | 5$^h$ 0$^m$ | . |
| le 6 | 6 27 | | le 5 | 5 44 | |
| Retard diurne des passages (12) , | 0 43 | | Retard diurne des passages (12) , | 0 44 | |
| Partie proport. à la longitude ± (65) , | + 13 | . | Partie proport. à la longitude ± (65) , | — 13 | . |
| T. M. du passage de ☾ au lieu , le 5 à | 5 57 | | T. M. du passage de ☾ au lieu, le 5 à | 5 31 | |

| TROISIÈME EXEMPLE. | | | QUATRIÈME EXEMPLE. | | |
|---|---|---|---|---|---|
| 89° 0' de longitude O , le 23 juillet 1854. | | | 177° 45' de longitude O , le 23 juillet 1854. | | |
| Passage de ☾ à Paris (64), le 23 à | 23$^h$ 39$^m$* | | Passage de ☾ à Paris (64), le 23 à | 23$^h$ 39$^m$* | |
| (Pas de passage le 24.)   le 25 | 0 28 | | (Pas de passage le 24.)   le 25 | 0 28 | |
| Retard diurne ou pour 360° (12), | 0 49 | | Retard diurne ou pour 360° (12), | 0 49 | |
| Retard proport. à la longit. ± (65), | + 12 | . | Retard proport. à la longitude ± (65) , | + 24 | . |
| T. M. du passage de ☾ au lieu , le 23 à | 23 51 | | T. M. du passage au lieu, le 24 à | 0 3 | |
| | | | (Le 23, il n'y a pas de passage de ☾ au lieu.) | | |

| CINQUIÈME EXEMPLE. | | | SIXIÈME EXEMPLE. | | |
|---|---|---|---|---|---|
| 29° 56' de longitude E , le 26 avril 1854. | | | 119° 55' de longitude E, le 26 avril 1854. | | |
| Passage de ☾ à Paris (64), le 25 à | 23$^h$ 27$^m$ | | Passage de ☾ à Paris (64), le 25 à | 23$^h$ 27$^m$ | |
| (Pas de passage le 26.)   le 27 | 0 11 | . | (Pas de passage le 26.)   le 27 | 0 11 | . |
| Retard diurne , ou pour 360° (12), | 0 44 | | Retard diurne , ou pour 360° (12), | 0 44 | |
| Retard proport. à la longitude ± (65), | — 4 | . | Retard proport. à la longitude ± (65) , | — 15 | . |
| T. M. du passage ☾ au lieu , le 27 à | 0 7 | | T. M. du passage de ☾ au lieu , le 26 à | 23 56 | |
| (Le 26, il n'y a pas de passage de ☾ au lieu.) | | | | | |

## N° 51.

### CALCUL DE L'HEURE DU PASSAGE D'UNE ÉTOILE AU MÉRIDIEN (196).

| PREMIER EXEMPLE. | | | SECOND EXEMPLE. | | |
|---|---|---|---|---|---|
| On demande l'heure T. M. du passage de l'étoile *Fomalhaut* au méridien d'un lieu situé par 119° de longitude O , le 6 octobre 1854. | | | Le 10 août 1854, on veut calculer l'heure T. M. du passage de l'étoile *Aldébaran* à un méridien situé par 76° 37' de longitude O. | | |
| Æ de l'étoile *Fomalhaut* (196), | 22$^h$ 49$^m$ 37$^s$, 3 | | Æ de l'étoile *Aldébaran* (196), | 4$^h$ 27$^m$ 33$^s$, 4 | |
| Æ m. ☉, le 6 à midi de P. (Éph.), | —12 59 15 , 3 | | Æ moy. ☉ le 10 à 0$^h$ de P. (Éph.), | —9 14 31 . 7 | |
| T. M. appr. du lieu (223), le 6 à | 9 50 22 | | T. M. appr. du lieu (223), le 10 à | 19 13 1 , 7 | |
| Longitude en temps ± (13, 17), | + 7 56 0 | | Longitude en temps ± (13, 17), | 5 6 28, 0 | |
| T. M. approché de Paris, le 6 à | 17 46 22 | | T. M. approché de Paris , le 11 à | 0 19 30 | |
| Otez-en 10$^s$ par heure , environ | — 2 57 | | Otez-en 10$^s$ par heure , environ | — 3 | |
| T. M. plus appr. de Paris, le 6 à | 17 43 25 | | T. M. plus app. de Paris , le 11 à | 0 19 27 | |
| Æ de l'étoile *Fomalhaut* , | 22$^h$ 49$^m$ 37$^s$, 3 | | Æ de l'étoile *Aldébaran* , | 4$^h$ 27$^m$ 33$^s$, 4 | |
| Æ moy. exacte du ☉ (99, 36), | —13 2 10, 0 | | Æ moy. exacte du ☉ (99, 36), | —9 18 31 , 4 | |
| T. M. ex. du pass. au lieu (223), le 6 à 9 47 27 , 3 | | | T. M. exact du pass. de l'★, le 10 à 19 9 2 | | |

## N° 52.

### CALCUL DE LATITUDE, PAR LA HAUTEUR MÉRIDIENNE DU SOLEIL.

**PREMIER EXEMPLE.**

Le 20 mars 1854, par une longitude de 171° 30′ Ouest, on a observé, du côté du pôle sud, la hauteur méridienne du bord inférieur du soleil, et on l'a trouvée de 49° 57′ 20″ ; erreur instrumentale, —2′ 30″ ; élévation de l'œil, 5,2 mètres. On demande la latitude du lieu de l'observation.

| | |
|---|---:|
| T. V. du lieu, le 20 à midi, ou à | 0ʰ 0ᵐ |
| Longitude en temps ± (13, 17), | + 11 26 |
| Equation du temps ± (19), | + 8 |
| T. M. de Paris (10), le 20 à | 11 34 |
| Hauteur observée ☉, | 49° 57′ 20″ |
| Erreur instrumentale ±, | — 2 30 |
| Dépress. (T. I, 79), pour 5,2 mèt., | — 4 3 |
| Réfraction—parallaxe (T. II, 80), | — 0 43 |
| Demi-diamètre ☉ ± (81), | + 16 5 |
| Hauteur vraie ⊖ (10), | 50 6 9 |
| Distance vraie AZ (82, 117), | 39 53 51 N |
| Déclinaison du ☉ (36), | 0 5 0 B |
| Latitude demandée (118), | 39 58 51 N |

**SECOND EXEMPLE.**

Le 1er juillet 1854, par 108° 44′ 50″ de longitude Est, faisant face au Nord et l'œil étant élevé de 6,5 mètres, on a observé la hauteur ☉ de 75° 59′ 40″ (+1′ 40″), à son passage au méridien. On demande la latitude du lieu de l'observation.

| | |
|---|---:|
| T. V. du lieu, le 1er à midi, ou à | 0ʰ 0ᵐ |
| Longitude en temps ± (13, 17), | — 7 15 |
| Equation du temps ± (19), | + 3 |
| T. M. de Paris (10), le 30 juin à | 16 48 |
| Hauteur observée ☉, | 75° 59′ 40″ |
| Erreur instrumentale ± (78), | + 1 40 |
| Dépress. (T. I, 79), pour 6,5 mèt., | — 4 32 |
| Réfraction—parallaxe ☉ (T. II, 80), | — 0 12 |
| Demi-diamètre ☉ ± (81), | — 15 46 |
| Hauteur vraie ⊖ (10), | 75 40 50 |
| Distance vraie AZ (82, 117), | 14 19 10 S |
| Déclinaison du ☉ (36), | 23 9 21 N |
| Latitude demandée (118), | 8 50 11 N |

## N° 53.

### CALCUL DE LATITUDE, PAR LA HAUTEUR MÉRIDIENNE DE LA LUNE.

**PREMIER EXEMPLE.**

Le 24 mars 1854 au matin, par environ 38° de latitude S et 55° 15′ de longitude E, l'œil élevé de 5,2 mèt., on a observé la haut. ☾ de 74° 40′ 20″ dans le méridien ; erreur instrument., +1′ 20″. On demande la latitude vraie.

| | | |
|---|---:|---:|
| Passage de la ☾ à Paris (64), le 22 à | 19ʰ 40ᵐ | |
| le 23 à | 20 39 * | |
| Retard diurne, ou pour 360° (12), | | 59 |
| Retard proport. à la longitude (65), | | 9 * |
| T. M. du passage de ☾ au lieu, le 23 à | 20 30 | |
| Longitude en temps ± (13, 17), | — 3 41 | |
| T. M. de Paris, le 23 à | 16 49 | |
| Parallaxe horizontale ☾ (119), | 58′ 58″ | |
| Hauteur observée ☾, | 74° 40′ 20″ | |
| Erreur instrumentale ±, | + 1 20 | |
| Dépression (T. I, 79) pour 5,2 mèt., | — 4 3 | |
| Parall. en hr ☾—réfr. (T. VI, 120), | + 15 21 | |
| Demi-diamètre horiz. ☾ ± (36, 81), | + 16 5 | |
| Hauteur vraie de ☾ (10), | 75 9 3 | |
| Distance vraie AZ (82, 117), | 14 50 57 S | |
| Déclinaison de la ☾ (36), | 22 48 25 A | |
| Latitude vraie demandée (118), | 37 39 22 S | |

**SECOND EXEMPLE.**

Le 19 juillet 1854, par 112° de longitude O, faisant face au N, et l'élévation de l'œil étant 4,5 mètres, on a observé la hauteur méridienne ☾ de 67° 41′ 30″ (—3′ 0″). On demande la latitude du lieu de l'observation.

| | | |
|---|---:|---:|
| Passage de la ☾ à Paris (64), le 19 à | 20ʰ 21ᵐ, | |
| le 20 à | 21 9 | |
| Retard diurne, ou pour 360° (12), | | 0 48 |
| Retard proport. à la longitude (65), | | 15 * |
| T. M. du passage de ☾ au lieu, le 19 à | 20 36 | |
| Longitude en temps ± (13, 17), | + 7 28 | |
| T. M. de Paris, le 20 à | 4 4 | |
| Parallaxe horizontale (119), | 54′ 23″ | |
| Hauteur observée ☾, | 67° 41′ 30″ | |
| Erreur instrumentale ☾ ± (78), | — 3 0 | |
| Dépression (T. I, 79) pour 4,5 mèt., | — 3 48 | |
| Parall. en hr ☾—réfr. (T. VI, 120), | + 20 21 | |
| Demi-diamètre horiz. ☾ ± (36, 81), | — 14 49 | |
| Hauteur vraie ☾ (10), | 67 40 14 | |
| Distance vraie AZ (82, 117), | 22 19 46 S | |
| Déclinaison de la ☾ (36), | 22 33 6 N | |
| Latitude demandée (118), | 0 13 20 N | |

N° 54.

CALCUL DE LATITUDE, *par la hauteur méridienne d'une étoile ou d'une planète.*

---

PREMIER EXEMPLE, *pour une étoile.*

Le 6 octobre 1854 au soir, par 119° de longitude O, on a observé, du côté du pôle Sud, la hauteur méridienne de l'étoile *Fomalhaut*, et on l'a trouvée de 28° 7'; erreur instrumentale, +3'; élévation de l'œil, 5,2 mètres. On demande la latitude du lieu de l'observation.

(L'étoile *Fomalhaut* passe au méridien du lieu le 6 octobre à 9ʰ 47ᵐ du soir, environ. *Voir le Calcul* N° 51, *premier exemple.*)

| | |
|---|---|
| Hauteur observée, | 28° 7' |
| Erreur instrumentale ±, | + 3 |
| Dépression (79, T. I), pour 5,2, | — 4 |
| Réfraction (80, 197, T. II), | — 2 |
| Hauteur vraie de l'✶ (10), | 28 4 |
| Distance vraie AZ (82, 117), | 61 56 N |
| Déclinaison de l'✶ (196), | 30 24 A |
| Latitude demandée (118), | 31 32 N |

SECOND EXEMPLE, *pour une planète.*

Le 19 mars 1854 au matin, par 119° 50' de longitude E, faisant face au sud et l'œil étant élevé de 5,2 mètres, on a observé la hauteur méridienne de la planète *Jupiter* de 16° 28' (—3'). On demande la latitude du lieu de l'observation.

(L'heure du passage de *Jupiter* au méridien du lieu est le 18 à 19ʰ 53ᵐ T. M. *Voir le Calcul* N° 49, *premier exemple.*)

| | |
|---|---|
| T. M. du lieu (17), le 18 à | 19ʰ 53ᵐ |
| Longitude en temps ±, | — 7 59 |
| T. M. de Paris, le 18 à | 11 54 |
| Hauteur observée de la planète, | 16° 28' |
| Erreur instrumentale ± (78), | — 3 |
| Dépression (79, T. I), pour 5,2, | — 4 |
| Réfraction (80, 197, T. II), | — 3 |
| Hauteur vraie de la planète (10), | 16 18 |
| Dist. vraie de l'astre au zén. (82, 117), | 73 42 N |
| Déclinaison réduite (220), | 21 38 A |
| Latitude demandée (118), | 52 4 N |

---

N° 55.

CALCUL DE LATITUDE, *par la hauteur du soleil et l'heure du lieu.*

Le 20 juillet 1854 au matin, étant par une latitude N et une longitude de 44° 15' O, on a observé la hauteur ☉ 45° 5' 28" (+1' 30"), à 9ʰ 4ᵐ 11ˢ T. M. Élévation de l'œil, 4,7 mètres.
On demande la latitude du lieu de l'observation.

| | |
|---|---|
| T. M. du lieu (69), le 19 à | 21ʰ 4ᵐ11ˢ |
| Longitude en temps ±, | + 2 57 0 |
| T. M. de Paris, le 20 à | 0 1 11 |
| Déclinaison du ☉ (36), | 20°42'16"B |
| T. M. du lieu, | 21ʰ 4ᵐ11ˢ |
| Equat. du temps ∓ (36), | — 6 0,1 |
| T. V. du lieu (20), | 20 58 10,9 |
| Distance à midi vrai (96), | 3 1 49,1 |
| Angle horaire P (14), | 45°27'18" |
| Hauteur observée ☉, | 45° 5' 28" |
| Erreur instrum. ± (78), | + 1 30 |
| Dépress. (79, T. I), pʳ 4,7, | — 3 51 |
| Réfr.—par. ☉ (80, T. II), | — 0 52 |
| Demi-diamètre ☉ ± (81), | + 15 46 |
| Hauteur vraie ⊖ (10), | 45 18 1 |

| | | |
|---|---|---|
| Angle horaire P, 45°27'18" | cos. 9.84601 | |
| Dist. AP (73), 69 17 44 | tang. 10.42256 | |
| *Somme*—10. Tang. 1ᵉʳ segm. 10.26857 (224) | | |
| 1ᵉʳ segment PD, 61°41' 2" | | |
| Distance AP, 69°17'44" (34) Comp. cos. 0.45155 | | |
| Dist. AZ (82), 44 41 59 | cos. 9.85175 | |
| 1ᵉʳ segment PD, 61 41 2 | cos. 9.67609 | |
| 2ᵉ segment DZ, 17 29 28 *S.*—10. cos. DZ 9.97939 | | |
| Somme des deux segments, ou PZ, 79° 10' 30" | | |
| 90—PZ. Première latitude, 20 49 30 N | | |
| Différence des deux segments, ou P'Z', 44 11 44 | | |
| 90—P'Z'. Seconde latitude, 45 48 16 N | | |

N. B. Il y a, dans cet exemple, deux latitudes qui satisfont aux données du calcul. Si la somme des segments PD et DZ faisait plus de 90°, il n'y aurait qu'une solution qui serait donnée par la différ. des segments.

5

## N° 56.

CALCUL DE LATITUDE , *par la hauteur non méridienne de l'Étoile Polaire.*
( α PETITE OURSE.)

Le 14 mars 1854 au matin , à 5ʰ 4ᵐ T. M. , par une longitude de 103° 15' E , on a observé la hauteur de l'étoile polaire , et on l'a trouvée de 41° 56' 28'' ; élévation de l'œil , 5,5 mètres ; erreur instrumentale , — 1' 20''. On demande la latitude du lieu de l'observation.

| | | | | |
|---|---|---|---|---|
| T. M. du lieu (15) , le 13 à | 17ʰ 4ᵐ 0ˢ | Angle P (14) , 129° 6' 24'' | | cos. 9.79987 |
| Longitude en temps ± (17) , | — 6 53 0 | Dist. AP (73) , 1 28 1 | | log. nomb. 3.72272 |
| T. M. de Paris , le 13 à | 10 11 0 | Correct. de hʳ ★ , 55 31 ,..... dont log. 3.52259 | | |
| T. M. du lieu , | 17ʰ 4ᵐ 0ˢ | | | |
| T. sidéral , ou Æ moy. ☉ (36) , | 23 24 48,7 | Hauteur observée de l'★ , | | 41°56' 28'' |
| Æ du méridien (100) , | 16 28 48,7 | Erreur instrumentale ± , | | — 1 20 |
| Æ de l'étoile polaire (196) , | 1 5 14,3 | Dépression (79, T. I) pour 5,5 , | | — 4 11 |
| Angle horaire P de l'★ (101) , | 8 36 25,6 | Réfraction des ★ (197, T. II) , | | — 1 5 |
| Déclinaison de l'★ (196) , | 88°31' 59''B | Correction calculée (225) , | | + 55 31 |
| | | Latitude demandée (10) , | | 42 45 24 N |

## N° 57.

CALCUL DE LATITUDE , *par une hauteur du soleil peu éloignée du méridien
et l'heure du lieu.*

Le 26 mars 1854 au matin , étant par 37° de latitude estimée Sud et 110° 30' de longitude Est , l'œil élevé de 5,2 mètres , on observe , à 0ʰ 10ᵐ 49ˢ d'un chronomètre , la hauteur ☉ de 50° 43'.

Cet instrument avait été réglé la veille au soir , et l'on avait reconnu qu'à 5ʰ 0ᵐ 10ˢ T. M. , il était en avance de 37ᵐ 42ˢ sur ce T. M. ; mais on s'est avancé depuis de 27' en longitude vers l'Est. La marche diurne de la montre est —10ˢ,70.

On demande la vraie latitude du lieu de l'observation de hauteur.

| | | | |
|---|---|---|---|
| 1ʳᵉ heure au chronom. (213) , | c 5ʰ37ᵐ52ˢ | Hauteur observée ☉ , | 50° 43' |
| 2ᵉ          id. | c' 0 10 49 | Erreur instrumentale ± , | . |
| | | Dépression (79, T. I) , pour 5,2 , | — 4 |
| Intervalle au chron. (218) , | c'—c 18 32 57 | Réfraction—parallaxe ☉ (80, T. II) , | — 1 |
| Marche proportionnelle (211) , | + 8 | Demi-diamètre ± (81) , | + 16 |
| Intervalle en T. M. , | 18 33 5 | Hauteur vraie ☉ (10) , | 50 54 |
| T. M. de la veille , | 5 0 10 | Nombre constant , 2 | log. 0.3010 |
| Chemin en longitude ± (219) , | + 1 48 | Demi-angle horaire , 3°52' | sin. 8.8289 |
| | | *Id.* 3 52 | sin. 8.8289 |
| T. M. du bord (10) , le 25 à | 23 35 3 | Latitude estimée , 37 0 | cos. 9.9023 |
| Longitude en temps ± (17) , | — 7 22 | Déclinaison du ☉ , 2 3 | cos. 9.9997 |
| | | Hauteur vraie ☉ , 50 54 | Cᵗ cos. 0.2002 |
| T. M. de Paris , le 25 à | 16 13 3 | *Somme—*30. Sin. correct. *x* , 8.0610 | |
| Equation du temps ∓ (36, 20) , | — 5 56 | | |
| T. V. du bord , | 23 29 7 | Correction *x* de la distance AZ , | — 0° 40' |
| Distance à midi vrai (96) , | 0 30 53 | Distance AZ (82) , | 39 6 |
| Angle horaire P (14) , | 7°43' | Distance méridienne AZ (117) , | 38 26 S |
| Déclinaison du soleil (36) , | 2 3 N | Déclinaison du soleil , | 2 3 N |
| | | Latitude vraie demandée (118) , | 36 23 S |

N° 58.

**CALCUL DE LATITUDE**, *par des hauteurs circumméridiennes du soleil.*

---

PREMIER EXEMPLE.

Le 26 mars 1854, vers midi, se trouvant par 37° de latitude estimée Sud et 110° 30' de longitude Est, l'œil élevé de 19 pieds, on a fait les observations suivantes, l'erreur instrum. étant —2' 30" :

| HEURES A LA MONTRE. | HAUTEURS ⊙ |
|---|---|
| 0ʰ 32ᵐ 10ˢ | 50° 41' 20" |
| 33 30 | 42 20 |
| 34 55 | 43 0 |
| 35 59 | 43 20 |
| 37 8 | 42 40 |
| 38 20 | 41 50 |

La montre avait été réglée la veille au soir, vers 5ʰ, et l'on avait alors reconnu qu'elle était en avance de 29ᵐ 40ˢ sur le T. M. du bord ; on a fait depuis 27' en longitude vers l'Ouest.

La montre retardait journellement sur le T. M. de 2ᵐ 30ˢ.

On demande la latitude vraie du lieu des observations de hauteurs du soleil.

| | | Intervalles à M. V. | Carrés des interv. |
|---|---|---|---|
| Midi vrai, le 26 à | 0ʰ 0ᵐ | (131) | (132) |
| Longitude en temps ± (17), | — 7 22 | 3ᵐ 15 | 10,6 |
| T. V. de Paris (205), le 25 à | 16 38 | 1 55 | 3,7 |
| Equation du temps ± (36, 19), | + 6 | 0 30 | 0,3 |
| T. M. de Paris, le 25 à | 16 44 | 0 34 | 0,3 |
| | | 1 43 | 2,9 |
| Déclinaison du soleil (36), | 2° 4' 19" B | 2 55 | 8,5 |
| Hauteur moyenne observée (130), | 50° 42' 25" | Somme, | 26,3 |
| Erreur instrumentale ±, | — 2 30 | *Moyenne* (130). Multiplicateur, | 4,4 |
| Dépress. (79, T. I), pour 19 pieds, | — 4 25 | Changement en haut. pour 1ᵐ (133), | 2", 5 |
| Réfraction—parall. ⊙ (80, T. II), | — 0 43 | *Produit.* Correction *x* (134), | — 0' 11" |
| Demi-diamètre ⊙ ± (81), | + 16 3 | Distance vraie AZ (82), | 39° 9 10 |
| Hauteur vraie ⊖ (10), | 50 50 50 | Distance méridienne AZ (117), | 39 8 59 S |
| Midi vrai, | 0ʰ 0ᵐ 0ˢ | Déclinaison du soleil (36), | 2 4 19 B |
| Equation du temps, *exacte* ± (36), | + 5 56 | Latitude demandée (118), | 37 4 40 S |
| Etat de la montre sur le T. M., | + 29 40 | | |
| Marche proport. à l'interv. (135), | — 1 59 | | |
| Chemin en longitude ± (128), | + 1 48 | | |
| Heure de la montre à M. V. (10), | 0 35 25 | | |

*Calcul du changement en hauteur du ⊙,*
*pour une minute d'interv. à M. V.* (133)

| | | |
|---|---|---|
| Hauteur du ⊙, | 50° 51 | C. cos. 0.200 |
| Déclinais. du ⊙, | 2 4 | cos. 9.999 |
| Latitude appr., | 37 5 | cos. 9.902 |
| Logarithme constant, | | 0.293 |
| *Somme*—20. Log. du chang. en haut., | | 0.394 |
| Changement en hauteur pour 1ᵐ, | | 2", 48 |

### N° 59.

## DEUXIÈME EXEMPLE D'UN CALCUL DE LATITUDE

#### PAR DES HAUTEURS CIRCUMMÉRIDIENNES DU SOLEIL.

Le 6 mai 1854, à midi moyen de Paris, un chronomètre, dont la marche diurne sur le T. M. est — 30$^s$,7, indiquait l'heure c$_o$=2$^h$ 28$^m$ 14$^s$,7.

Le 28 mai à bord, on a obtenu, par un calcul d'angle horaire :

Heure T. V. du bord, 6$^h$ 7$^m$ 14$^s$,8.     Heure correspond. du chronom., c=10$^h$ 28$^m$ 11$^s$,2.

Aux environs du midi suivant, le navire s'étant déplacé en longitude de 11' 33" vers l'Ouest, et la date de Paris étant le 28 mai, on a observé, du côté du pôle Sud, deux hauteurs circumméridiennes du bord inférieur du soleil, et l'on a trouvé :

1$^{re}$ heure du chronomètre, 4$^h$ 19$^m$ 50$^s$, 2    Somme des deux haut. observées, 122° 12' 40"
2$^e$     id.     4 23 14, 0    Elévation de l'œil, 5,2 mètres.

On demande la latitude du lieu des observations de hauteurs du soleil.

| | | | | |
|---|---|---|---|---|
| Chronomètre, à la 1$^{re}$ hauteur, | 4$^h$ 19$^m$ 50$^s$, 2 | Heure T. V. de l'angle hor., le 28 à 6$^h$ | 7$^m$ 14$^s$,8 | |
| *Id.* à la 2$^e$, | 4 23 14, 0 | Chemin en longitude ± (219), | — 0 46, 2 | |
| Somme, | 8 43 4, 2 | Heure T. V. actuel du bord, h....6 | 6 28, 6 | |
| Moyenne (130), | 4 21 32, 1 | Int. jusqu'au M. V. suivant, 24$^h$—h 17 | 53 31, 4 | |
| Heure du chronomètre, le 6 mai, | c$_o$ 2$^h$ 28$^m$ 14$^s$, 7 | Marche du c. sur T.M. —30$^s$,7 | | |
| Heure moy. du chron., le 28 mai, | c' 4 21 32, 1 | Différ. de l'équat. du t. + 7, 4 (226) | | |
| Intervalle au chron. (218), | c'—c$_o$ 1 53 17, 4 | Marche du c. sur T.V. —23, 3 | | |
| Marche pour 22$^j$ d'interv. ∓ (211), | + 11 15, 4 | Marche prop. à l'interv. de t. (210) | 0 17, 3 | |
| Intervalle approché en T. M., | 2 4 32, 8 | Intervalle au chronomètre, | 17 53 14, 1 | |
| Marche pour les h. et min. (211), | + 0 2, 7 | Heure du chronomètre (212), c....10 28 11, 2 | | |
| Heure T. M. de Paris, le 28 mai à | 2 4 35, 5 | Heure du chron. à M. V. du bord, | 4 21 25, 3 | |
| Hauteur moy. observée ⊙ (130), | 61° 6' 20" | Interv. à M. V. (131) | Carrés des interv. (132) | |
| Erreur instrumentale ±, | » » | 1$^m$ 35$^s$, 1 | 2,5 | |
| Dépression (79, T. I), pour 5,2, | — 4 3 | 1 48, 7 | 3,3 | |
| Réfraction—parall. ⊙ (80, T. II), | — 0 27 | | Somme, 5,8 | |
| Demi-diamètre ± (81), | + 15 48 | *Moyenne* (130). Multiplicateur, | 2,9 | 2,9 |
| Hauteur moyenne vraie ⊖ (10), | 61 17 38 | Chang. en haut. pour une minute (133), | 2",4 | |
| Distance AZ (82, 117), | 28 42 22 N | *Produit.* Correction *x* ± (a), | — 7" | |
| Déclinaison du soleil (36), | 21 28 21 N | Latitude approchée, | 50° 10' 43 N | |
| Latitude approchée (118), | 50 10 43 N | Latitude demandée, | 50 10 36 | |

*Calcul du changement en hauteur du ⊙, pour une minute d'intervalle à M. V.* (133)

| | |
|---|---|
| Hauteur du ⊙, 61° 18' | C$^t$ cos. 0.319 |
| Déclinaison ⊙, 21 28 | cos. 9.969 |
| Latitude appr., 50 11 | cos. 9.806 |
| Logarithme constant, | 0.293 |
| *Som.*—20. Log. du changem. en haut. 0.387 | |
| Changem. en haut. pour une minute, 2", 43 | |

(a) Si la déclinaison est plus grande que la distance AZ et de différente dénomination, la correction *x* prend le signe + ; dans tout autre cas, elle prend le signe —.

## N° 60.

**CALCUL DE LATITUDE**, *par deux hauteurs du soleil et l'intervalle de temps compris entre les observations.*

### Premier Exemple. (On y emploie la méthode trigonométrique directe.)

Le 1er décembre 1854, à midi moyen de Paris, un chronomètre, dont la marche diurne sur le T. M. est +9ˢ,70, indiquait 1ʰ 10ᵐ 30ˢ.

Le 27 décembre suivant de Paris, la date du bord étant le 27 au soir, par une latitude estimée de 6° Sud, on a fait les observations suivantes :

| | 1ʳᵉ STATION. | 2ᵉ STATION. | |
|---|---|---|---|
| Heures au chronomètre, | 10ʰ 50ᵐ 31ˢ | 15ʰ 20ᵐ 39ˢ | Élévation de l'œil, 5,2 mètres. |
| Haut. observées du ☉, | 73° 12' 50" | 24° 33' 20" | Erreur instrumentale, + 1' 10". |
| Relèv. du ☉ au compas, | S1/4SO2°S | O4°N | Milles parcourus dans l'interv., 28,4. |
| | | | Route corrigée de dérive, N 68° E. |

On demande la latitude du lieu de l'observation de la petite hauteur (227).

| | | |
|---|---|---|
| 1ʳᵉ station. Heure au chr. | 10ʰ 50ᵐ 31ˢ | |
| 2ᵉ station. *Id.* (166) | 15 20 39 | |
| Interv. au chronom. (218), | 4 30 8 | |
| Marche du c. sur T.M. + 9,7 | | |
| Diff. de l'équat. du t. +29,6 | (226) | |
| Marche du c. sur T.V. +39,3 | | |
| Marche prop. à l'int. (211), | — 7,4 | |
| Intervalle en T. V, | 4 30 0,6 | |
| Demi-intervalle, | 2 15 0,3 | |
| *Id.* en arc (14), | 33° 45' 5" | |
| Som. des heures au chron. 26ʰ 11ᵐ 10ˢ | | |
| 1/2 somme. Heure moy. c 13 5 35 | | |
| Hʳᵉ du chr. le 1ᵉʳ déc., co 1 10 30 | | |
| Interv. au chr. (218), c—co 11 55 5 | | |
| M. pʳ les j. (26ʲ) ∓ (211), — 4 12,2 | | |
| Marche pʳ 11ʰ 51ᵐ (envir.), — 4,8 | | |
| T. M. de Paris (10), le 27 à 11 50 48,0 | | |
| Déclinaison du ☉ (36), 23° 19' 26" A | | |
| Route corr. de dér. (30), N 68° 0' E | | |
| Gisem. ☉ à petite hʳ (138), N 86 0 O | | |
| Angle compris (139), 154 0 | | |
| Log. cos. de l'angle compris, 9.95366 | | |
| Log. du chemin 28' 24" (23), 3.23147 | | |
| *Som.*—10. Log. correction x, 3.18513 | | |
| Correct. x pour la petite haut., 25' 32" | | |

| | Grande haut. | Petite haut. |
|---|---|---|
| Haut. observ. ☉, | 73° 12' 50" | 24° 33' 20" |
| Erreur instr. ±, | + 1 10 | + 1 10 |
| Dépress. (T. I), | — 4 3 | — 4 3 |
| R.—P. ☉ (T. II), | — 0 15 | — 2 0 |
| 1/2 diam. ☉ ±, | — 16 18 | — 16 18 |
| Corr. x, pour la pet. hʳ (140), | | + 25 32 |
| Hᵉˢ vraies ⊝ (10), | 72 53 24 | 24 37 41 |

| | | |
|---|---|---|
| Dist. AP (73), 66° 40' 34" (34) S. | 9.9629758 | cos. 9.5976167 |
| 1/2 interv. 33 45 5 | sin. 9.7447547 | tang. 9.8249154 |
| *Sommes*—10. Sin. demi-dist. | 9.7077305 | cot. 9.4225321 |
| 1/2 dist. des lieux ☉ 30° 40' 35" | 1ᵉʳ A. ☉ (141) | 75° 10' 52" |
| Petite dist. AZ (142), 17° 6' 36" | | |
| Grande dist. AZ (143), 65 22 19 | Cᵗ sin. 0.0414208 (32) | |
| Dist. des lieux ☉ (144) 61 21 10 | Cᵗ sin. 0.0567093 | |
| Somme, 143 50 5 | | |
| Demi-somme, 71 55 2 | | |
| Premier reste (75), 6 32 43 | sin. 9.0568604 | |
| Second reste, 10 33 52 | sin. 9.2632604 | |
| | Somme, 18.4182509 | |
| *Demi-som.* Sin. demi-second angle au ☉, 9.2091255 | | |
| Demi-second ang. au ☉ 9 18 52 | | |
| Second angle au ☉, 18 37 44 | | |
| Premier angle au ☉, 75 10 52 | | |
| Ang. de position (145), 93 48 36 (34) cos. 8.8224822 | | |
| Grande dist. AZ (143), 65 22 19 tang. 10.3387287 | | |
| *Somme*—10. Tang. 1ᵉʳ segm. 9.1612109 | | |
| Distance AP (73), 66° 40' 34" (34) | | |
| 1ᵉʳ segment (146), 171 45 9 Cᵗ cos. 0.0045150 | | |
| 2ᵉ segment (147), 105 4 35 cos. 9.4151514 | | |
| Grande distance AZ 65 22 19 sin. 9.6198506 | | |
| *Somme.* Sin. latit. du lieu de la grande hʳ, 9.0395170 | | |
| Latitude du lieu de la grande haut. (227), 6° 17' 16" S | | |
| Route corrigée de dérive, N 68° E | | |
| Variation, supposée de 10 NO | | |
| Rumb vrai (30), N 58 E | | |
| Log. cos. rumb, 9.72421 | | |
| Log. chemin 28' 24" (23), 3.23147 | | |
| *S.*—10. Log. du ch. en lat., 2.95568 | | |
| Changement en latitude, 15' 3" (227) 0° 15' 3" N | | |
| Latitude dem. du lieu de la petite hauteur, 6° 2' 13" S | | |

## N° 61.

### SECOND EXEMPLE DU CALCUL DE LATITUDE
*par deux hauteurs du soleil et l'intervalle de temps écoulé entre les observations.*

(Dans cet exemple, on a employé la méthode de M. CAILLET.) (177)

Le 20 juin 1854. 1re *Station* : Heure approchée, 0h 20m T. V. ; latitude estimée, 6° 20′ N ; longitude, 136° 15′ O ; heure à la montre, 11h 50m 55s ; hauteur observée ☉, 72° 42′ 10″ (—2′ 00″).
2e *Station* : Heure à la montre, 16h 20m 53s ; hauteur observée ☉, 24° 1′ 30″ (— 2′ 30″).
Route dans l'intervalle, filant 7 nœuds à l'E1|4NE 5°30′ N du compas ; variation, 10° NO ; dérive, 14° bâbord. Marche diurne de la montre sur le T. M., — 1m 49s. Altitude de l'œil pour les deux stations, 5,2 mètres. On demande la latitude du lieu de l'observation de la petite hauteur (227).

| | | | | | Grande haut. | Petite haut. |
|---|---|---|---|---|---|---|
| 1re **Station**. Heure à la montre, | | 11h50m55s | Déclinaison du soleil (36), | 23°27′23″ B | | |
| 2e **Station**. Id. (166) | | 16 20 53 | Distance AP (73), | 66 32 37 | | |
| Intervalle à la montre (218), | | 4 29 58 | Route corr. de dérive, N 59°15′ E | | | |
| Marche sur le T. M. —1m49s | | | Gisement du ☉ (138), N 85 0 O | | | |
| Diff. de l'équat. du t. + 13 (226) | | | Angle compris (139), 144 15 cos. 9.90933 | | | |
| Marche sur le T. V. —1 36 | | | Chemin (27, 23), 31′ 30″ log. 3.27646 | | | |
| Marche propor. à l'intervalle (211), | | + 18 | *Somme*—10. Log. de la correction x, 3.18579 | | | |
| Intervalle en T. V., | | 4 30 16 | Correction x pour la petite hauteur, 25′ 34″ | | | |
| Demi-intervalle, | | 2 15 8 | | | | |
| Id. en arc (14), | | 33°47′ | Hauteur observée ☉, | 72°42′10″ | 24° 1′30″ | |
| T. V. à la 1re station (69), le 20 à | | 0h 20m | Erreur instr. (78), | — 2 0 | — 2 30 | |
| Demi-intervalle vrai, | | + 2 15 | Dépress. (T. I) pr 5,2, | — 4 3 | — 4 3 | |
| Longitude en temps ± (13), | | + 9 5 | Réfr.—paral. ☉ ± (T. II), | — 0 15 | — 2 4 | |
| Equation du temps ± (19), | | + 1 | Demi-diam. ☉ ±, | + 15 46 | + 15 46 | |
| | | | Correct. x pour la petite haut. (140), | | + 25 34 | |
| T. M. de Paris (10), le 20 à | | 11 41 | Hauteurs vr. ⊖ (10), | 72 51 38 | 24 34 13 | |

Grande hauteur, 72 51 38
Petite hauteur, 24 34 13
Somme des haut. 97 25 51
Différ. des haut. 48 17 25

| | | | | |
|---|---|---|---|---|
| Demi-S. des haut. 48°42′56″ | . . . . . . | cos. 9.819411 | | sin. 9.875896 |
| Demi-diff. des h. 24 8 43 | | sin. 9.611778 | | cos. 9.960238 |
| Sin. dist. AP, | 9.962541 | | | |
| Sin. demi-interv. | 9.745117 | | | |
| *Som.*—10. Sin. (A) 9.707658 | (32) | Ct sin. (A) 0.292342 | (177) | Ct cos. 0.065445 |
| Cos. dist. AP, | 9.599939 | *Som.*—10. Sin. (C) 9.723531 | | Ct cos. (C) 0.071315 |
| Ct cosin. de (A), | 0.065445 | | *Som.*—10. Cos. (D) 9.972894 | |
| *Somme*. Cos. (B), | 9.665384 | | | |
| Arc (B) (182), 62°25′58″ | | | | |
| Arc (D), | 20 1 59 | | | |

Arc E (178), 82 27 57 . . . . . . cosin. 9.117660
cos. (C) 9.928685
*Som.*—10. Sin. lat. 9.046345
Latitude du lieu de la grande hauteur (239), 6°23′ 17 N

Route vraie (30), N 49° 15′ E cos. 9.81475
Chemin (27), 31m, 5, où 31′ 30″ log. 3.27646
*Somme*—10. Sinus changement en latitude, 3.09121 Changement en latitude, 0°20 34 N
Latitude du lieu de la petite hauteur, 6°43 51″ N

En prenant l'arc E=B—D) = 42° 23′ 59″. . . . cos. 9.868322
cos. (C) 9.928685
*Somme*—10. Sin. latit. 9.797067
Seconde latitude du lieu de la grande hauteur, 38°48′ 5″

Cette seconde solution, donnant une latitude très-différente de l'estimée, doit évidemment être rejetée ; c'est la première qui est la bonne.

## N° 62.

## DÉTERMINATION DE LA LATITUDE
*Par deux hauteurs du soleil voisines l'une de l'autre.*

**N. B.** La grande précision que cette méthode exige dans la différence des hauteurs observées et dans l'intervalle des observations, fait que son emploi à la mer donne parfois des résultats peu satisfaisants. Sa théorie repose d'ailleurs sur une approximation ; ainsi l'on peut, pour ne rien faire d'inutile, se borner, dans le calcul, à prendre les lignes trigonométriques des angles, sans avoir égard aux secondes, et se servir des logarithmes à cinq décimales seulement.

Le 16 mars 1854, vers 11ʰ 40ᵐ du matin, T. V., étant par 46° de latitude estimée Sud et 5° de longitude Ouest, l'œil élevé de 58 décimètres, on a observé une première série de hauteurs du ☉ et les heures correspondantes à chaque observation sur une montre à secondes ; les moyennes se sont trouvées, pour hauteur ☉, 40° 10' 30" (— 1'), et pour l'heure de la montre, 7ʰ 29ᵐ 33ˢ. Quelques minutes après, on a fait une seconde série d'observations, qui a donné pour moyennes : hauteur ☉, 41° 19' 50" (— 1'), et heure à la montre, 7ʰ 41ᵐ 37ˢ.

On demande la vraie latitude.

| | | | |
|---|---|---|---|
| Hᵉ à la montre, 1ʳᵉ observ. | 7ʰ 29ᵐ 33ˢ | Hauteur observée ☉, | 40° 10' 30" | 41° 19' 50" |
| *Id.* 2ᵉ observ. | 7 41 37 | Erreur instrument. (78), | — 1 0 | — 1 0 |
| Interv. des observations, | 0 12 4 | Dépression (T. I) pʳ 58 déc. — | 4 18 | — 4 18 |
| *Id.* (14) en arc, | 3° 1' 0" | Réfract.—parall. ☉ (T. II), — | 1 2 | — 0 59 |
| T. V. appr. à la 1ʳᵉ hʳ, le 15 à | 23ʰ 40ᵐ | Demi-diamètre ☉ ± (81), | + 16 6 | + 16 6 |
| Demi-interv. (toujours +), | + 6 | Hauteur vraie ⊖ (10), | 40 20 16 | 41 29 39 |
| Longit. en temps ± (17), | + 0 20 | Différence des deux hauteurs vraies, | | 1 9 23 |
| Equation du temps ± (19), | + 9 | | | |
| T. M. appr. de P. (10), le 16 à | 0 15 | | | |
| Déclinaison du soleil (36), | 1° 45' 12"A | | | |

| | | |
|---|---|---|
| Différence des hauteurs, | 1° 9' 23", ou 4163" | Log.=3.61941 |
| Intervalle en arc, | 3 1 0, ou 10860 | Cᵗ log.=5.96617 |
| Déclinaison du ☉, | 1 45 | Cᵗ cos.=0.00020 |

*Somme.* Sinus de l'angle de position, = 9.58578

| | | |
|---|---|---|
| Angle de position, | 22° 40' | cos.= 9.96511 |
| Grande distance AZ (143), | 49 40 | tang.=10.07106 |

*Somme*—10. Tangente du premier segment, = 10.03617

| | | |
|---|---|---|
| Distance polaire, | 88° 15' | |
| Premier segment (146), | 47 23 (34, 32) | Cᵗ cos.=0.16935 |
| Second segment (147), | 40 52 | cos.=9.87866 |
| Grande distance AZ, | 49 40 | cos.=9.81106 |

*Somme*—10. Sinus de la latitude, = 9.85907

Latitude demandée, 46° 18' Sud.

## N° 63.

### CALCUL DE LONGITUDE PAR LA DISTANCE DU SOLEIL A LA LUNE.

#### (Hauteurs observées directement.)

Le 28 janvier 1854, à midi moyen de Paris, un chronomètre, dont la marche est —10ˢ,4, indiquait l'heure 2ʰ 26ᵐ 7ˢ,4.

Le 21 février suivant de Paris, la date du bord étant le 22 au matin, par 20° de latitude S, l'œil élevé de 44 décimètres, on a obtenu, à 20ʰ 19ᵐ 50ˢ du chronomètre, la distance ☉—☾ de 65° 53' 14" (+ 1' 30"); la hauteur ☉ de 28° 5' 55" (+2' 30"), et la hauteur ☾ de 82° 34' 38" (+2' 30").

On demande la longitude du lieu conclu des observations.

| | | | |
|---|---|---|---|
| Hʳᵉ du chron. le 28 janv. | c₀ 2ʰ 26ᵐ 7ˢ, 4 | Dist. appar. ☉☾ | 66° 27' 26" | (151, T. VII). |

Hʳᵉ du chron. le 28 janv.    c₀ 2ʰ 26ᵐ 7ˢ, 4

*Id.*    le 21 févr.    c 20 19 50, 0

Interv. au chron. (218),    17 53 42, 6

**Marche** pʳ les 24ʲ ± (167),   + 6 9, 6

*Id.* pʳ h. et m. (18ʰ 0ᵐ env.)   + 0 7, 8

T. M. de P. (10), le 21 fév.   18 0 0, 0

Hauteur observée ☉,    28° 5' 55"

Erreur instrum. ± (78),    + 2 30

Dépression (T. I) pour 4,4,   — 3 45

Réfract.—parall. ☉ (T. II),   — 1 40

Demi-diamètre ± (81),    + 16 1

Hauteur vraie ☉ (10),    28 19 1

Réfract.—parall. ☉ (98),    + 1 39

Hauteur apparente ☉,    28 20 40

Hauteur observée ☾,    82° 34' 38"

Erreur instrum. ± (78),    + 2 30

Dépression (T. I), pour 4,4,   — 3 45

Parall. horiz. ☾ (119), 59'36"

Parall. ☾ en hʳ—réfr. (120),   + 7 35

1/2 diam. horiz. ☾ ± (36),   + 16 15

Hauteur vraie ☾ (10),    82 57 13

Paral. ☾—réfr. (102, T. VI),   — 7 19

Hauteur apparente ☾,    82 49 54

Distance observée ☉—☾,   65°53' 14"

Erreur instrum. ± (78),    + 1 30

Demi-diamètre ☉,    + 16 11

1/2 diam. ☾ en hʳ (148, T. III) + 16 31

Distance apparente ☉☾,    66 27 26

Déclinaison du ☉ (228),    10° 17' 30"A

---

Dist. appar. ☉☾    66° 27' 26"    (151, T. VII).

Haut. appar. ☉    28 20 40   Diff. logᵠᵘᵉ. 10.0001135

Haut. appar. ☾    82 49 54   Comp. cos. 0.903838₁

Somme,    177 38 0

Demi-somme,    88 49 0    cos. 8.3149536

1/2 s.☉dist. (152), 22 21 34   cos. 9.966₁071

Haut. vraie ☾,    82 57 13    cos. 9.0887487

Haut. vraie ☉,    28 19 1‖ Somme, 38.2737610

Som. des haut. vr. 111 16 14‖Demi-som. 19.1368805

1/2 s. des haut. vr. 55 38 7   cos. 9.7516323‖

         *Diff.* (154) Sin. A 9.3852482

Arc auxiliaire A   14 3 7    ° cos. A 9.9868060

*Som. des 2 dern. cos.*—10. Sin. 1/2 dist. v. 9.7384383

Demi-dist. vraie,    33° 12' 1"

Distance vraie,    66 24 2

D.(153) le 21 à 18ʰ, 66 26 2‖ Log. de 3ᵇ ens. 4.03342

Différ. de ces dist. 0 2 0    log. 2.08279

Diff. de tables, pʳ 3ʰ, 1 39 32   Comp. log. 6.22388

On trouve x=218ˢ,8=3ᵐ 38ˢ,8   log. x 2.34009

T. M. exact de Paris (155), le 21 févr. à 18ʰ 3ᵐ 38ˢ,8

Dist. AZ ☉ (82), 61°40' 59"

     AP    (73), 79 42 30   Comp. sin. 0.0070442

     PZ    (74), 70 0 0   Comp. sin. 0.0270142

Somme,    211 23 29

Demi-somme,    105 41 45

1ᵉʳ reste (75),    25 59 15    sin. 9.6416476

2ᵉ reste,    35 41 45    sin. 9.7660275

         Somme, 19.4417335

*Demi-somme.* Sinus demi-angle horaire,   9.7208668

Demi-angle horaire,    31° 43' 33", ╳ 8

Angle horaire en temps (76),    4ʰ 13ᵐ 48ˢ, 4

T. V. du bord (77), le 21 février à   19 46 11, 6

Equation du temps ± (36),    + 13 48. 4

T. M. du lieu, le 21 à    20 0 0, 0

T. M. de Paris (par les distances), le 21 à 18 3 38, 8

Différence des méridiens (157),    1 56 21, 2

Longitude demandée,    29° 5' 18" (158) E

## N° 64.

### CALCUL DE LONGITUDE PAR LA DISTANCE DU SOLEIL A LA LUNE,
*les hauteurs étant observées directement, aux environs de midi* (161).

Le 20 août 1854, un peu après midi, trois observateurs, élevés de 5,2 mètres, obtiennent simultanément, à 6ʰ 10ᵐ 6ˢ d'un chronomètre dont la marche est +18ˢ,0, la hauteur ☉ de 62° 7' 9" (+2' 30"), la hauteur ☾ de 56° 45' 50" (+3'), et la distance ☉—☾ de 34° 23' 30" (—40").

Environ 3ʰ 30ᵐ plus tard, après s'être avancé de 3' 30" au N et de 8' à l'E, et se trouvant alors par 40° 7' de latitude N et 53° 21' de longitude O estimée, on fait un calcul d'angle horaire, et l'on reconnaît qu'à 3ʰ 30ᵐ 32ˢ T. M., le chronomètre indique 9ʰ 30ᵐ 9ˢ.

On demande la longitude vraie actuelle du bord.

| | | |
|---|---|---|
| 1ʳᵉ heure au chronomètre, | 6ʰ 10ᵐ 6ˢ, 0 | |
| 2ᶜ—        id. | 9 30 9, 0 | |
| Interv. au chron. (218), | 3 20 3, 0 | |
| Marche proport. ∓ (211), | — 0 2, 5 | |
| Intervalle en T. M. | 3 20 0, 5 | |
| H.M. du lieu de l'A. h. le 20, | 3ʰ 30ᵐ 32ˢ, 0 | |
| Int. en T.M. ± (216), | —3 20 0, 5 | |
| Chemin en longitude ±, | — 0 32, 0 | |
| H.M. du lieu des dist., le 20, | 0 9 59, 5 | |
| H.M. du lieu d'ang. h. le 20, | 3ʰ 30ᵐ 32ˢ, 0 | |
| Int. en T. M. (216), | —3 20 0, 5 | |
| Long. ap. du lieu d'ang. ±+ | 3 33 24, 0 | |
| H.M. appr. de Par.(10) le 20, | 3 43 55, 5 | |
| Hauteur observée ☉, | 62° 7' 9" | |
| Erreur instrum. ± (78), | + 2 30 | |
| Dépress. (T. I, 79) pr 5,2, | — 4 3 | |
| Réfr.—parall. ☉ (T. II, 80), | — 0 27 | |
| Demi-diamètre ☉ ± (81), | + 15 51 | |
| Hauteur vraie, | 62 21 0 | |
| Réfract.—parall. (T. II, 98), | + 0 26 | |
| Hauteur apparente ⊖, | 62 21 26 | |
| Hauteur observée ☾, | 56° 45' 50" | |
| Erreur instrum. ± (78), | + 3 0 | |
| Dépress. (T. I, 79), pr 5,2, | — 4 3 | |
| Parall. horiz. ☾ (119), 54'0") | | |
| Parall. en hʳ ☾—réfr. (120), | + 28 59 | |
| 1/2 diam. horiz. ☾ ± (81), | — 14 44 | |
| Hauteur vraie ☾ (10), | 56 59 2 | |
| Paral. ☾—réfr. (T. VI, 102), | — 29 10 | |
| Hauteur apparente ℂ, | 56 29 52 | |
| Distance observée ⊖☾, | 34° 23' 30" | |
| Erreur instrum. ± (78), | — 0 40 | |
| Demi-diamètre ☉, | + 15 51 | |
| 1/2 diam. h. ☾ (148) 14'44") | | |
| Augment. T. III, + 12 } | + 14 56 | |
| Distance apparente ⊖☾, | 34 53 37 | |

| | | |
|---|---|---|
| Dist. appar. ⊖☾ | 34° 53' 37" | (164) |
| Haut. appar. ⊖ | 62 21 26 | Comp. cos. 0.3335217 |
| Haut. appar. ☾ | 56 29 52 | Comp. cos. 0.2580851 |
| Somme, | 153 44 55 | |
| Demi-somme, | 76 52 27 | cos. 9.3561988 |
| 1/2 s. ∽ dist. (152), | 41 58 50 | cos. 9.8712061 |
| Haut. vraie ⊖, | 62 21 0 | cos. 9.6665828 |
| Haut. vraie ℂ, | 56 59 2‖ | cos. 9.7362967 |
| Som. des haut. vr. 119 20 2‖ | | Somme, 39.2218912 |
| | | Demi-som. 19.6109456 |
| 1/2 s. des haut. vr. 59 40 1 | | * cos. 9.7033134 |
| (154) Differ. | | Sin. A 9.9076322 |
| Angle aux. A (177), 53°56' 27" 1/2 | | ' cos. A 9.7698338 |
| *Somme des 2 derniers cos.* | | ' Sin. demi-dist. 9.4731472 |
| Demi-distance, | 17° 17' 37" | |
| Distance vraie, | 34 35 14 | |
| *Id.* des Ep.(153) à 3ʰ, 34 54 55 ‖ | | Log. de 3ʰ, 4.03342 |
| Différ. de ces dist. | 0 19 41 | log. 3.07225 |
| Diff. de Eph. pr 3ʰ, | 1 20 39 | Comp. log. 6.31524 |
| | | *Somme—10.* Log. *x* 3.42091 |
| Temps *x* à ajouter à l'époque précéd. | | 0ʰ 43ᵐ 55ˢ, 8 |
| H. M. exacte de Paris (155), le 20, | | 3 43 55, 8 |
| H. M. du lieu des distances, le 20, | | 0 9 59, 5 |
| Différence des méridiens, | | 3 33 56, 3 |
| Longitude vr. du lieu des distances, 53° 29' 4" (158) O | | |
| Chemin en longitude ±, | | 8 0 E |
| Longitude vraie actuelle du bord, | 53° 21' 4" Ouest. | |

6

## N° 65.

### CALCUL DE LONGITUDE PAR LA DISTANCE DE LA LUNE A UNE ÉTOILE ,

*les hauteurs étant observées directement.*

Le 6 janvier 1854, par une longitude estimée de 11° 22' E , on a reconnu , au moyen d'un calcul d'angle horaire, qu'il était à bord 2ʰ 44ᵐ 28ˢ T. M., lorsqu'un chronomètre, ayant —24ˢ,o de marche diurne , indiquait l'heure 2ʰ 54ᵐ 48ˢ.

Environ 4 heures après , le navire s'étant déplacé en longitude de 7' vers l'O, au moment où le chronomètre indique 6ʰ 54ᵐ 44ˢ, on a fait les observations suivantes , l'œil étant élevé de 5,2 mèt. :

Distance observée du bord éloigné de la ☾ à *Aldébaran*,    45° 11' 42"   (+1')
Hauteur observée du bord inférieur de la ☾ ,    54 26 42   (—1' 20")
Hauteur observée de l'étoile *Aldébaran* ,    48 7 45   (+1 10 )
    On demande la longitude actuelle du navire.

| | | | | |
|---|---|---|---|---|
| 1ʳᵉ heure au chronomètre , | 2ʰ54ᵐ48ˢ | Dist. appar. ☾★ | 44° 57' 24" | |
| 2ᵉ     *id.* | 6 54 44 | Haut. appar. ☾ | 54 36 37 | Comp. cos. 0.2372202 |
| Intervalle au chronom. (218) , | 3 59 56 | Haut. appar. ★ | 48 4 52 | Comp. cos. 0.1751729 |
| Marche proportionn. ∓(211), | + 0 4 | Somme , | 147 38 53 | |
| Intervalle en T. M. | + 4 0 0 | Demi-somme , | 73 49 26 | cos. 9.4449666 |
| T. M. du lieu d'ang. hor. le 6 à | 2 44 28 | 1/2 s. ∽ dist. (152) | 28 52 2 | cos. 9.9423756 |
| Chemin en longit. ± (219) , | — 0 28 | Hauteur vraie ☾ | 55 8 0 | cos. 9.7571444 |
| T. M. actuel du bord , le 6 à | 6 44 0 | Hauteur vraie ★ | 48 4 0 | cos. 9.8249490 |
| Long. en temps±(17) (env.), | — 45 0 | Som. des haut. vr. 103 12 0 ‖ | Somme , | 39.3818287 |
| T. M. appr. de Paris, le 6 à | 5 59 0 | | Demi-som. | 19.6909143 |
| Hauteur observée ☾ , | 54° 26' 42" | 1/2 s. des haut. vr. 51 36 0 | * cos. 9.7931949 | |
| Erreur instrum. ± (78) , | — 1 20 | (154) *Diffèr.* sin. A 9.8977194 | | |
| Dépress. (T. I, 79) pour 5,2 , | — 4 3 | Angle aux. A (177) 52 12 5 | * cos. A 9.7873810 | |
| Parall. horiz. ☾, 55' 22" | | *Somme—10 des 2 dern. cos.* * Sin. 1/2 dist. 9.5805759 | | |
| Par. en hʳ—réfr. (T.VI, 120), | + 31 35 | Demi-distance vraie, | 22° 22' 36 | |
| Demi-diam. horiz. ☾ ± , | + 15 6 | Distance vraie , | 44 45 12 | |
| Hauteur vraie ☾ (10), | 55 8 0 | *Id.* des Eph.(153) à 3ʰ, | 46 16 42 ‖ Log. 3ʰ en s. 4.03342 | |
| Parall. ☾—réfr. (T.VI, 102), | — 31 23 | Diffèr. de ces dist. | 1 31 30 | log. 3.73957 |
| Hauteur apparente ☾ , | 54 36 37 | Diff. des Eph. pʳ 3ʰ, | 1 32 13 | Comp. log. 6.25704 |
| Hauteur observée ★ , | 48° 7' 45" | | *Somme—10.* log. *x* 4.03003 | |
| Erreur instrum. ± (78) , | + 1 10 | Temps *x* à ajouter à l'époque précédente , | 2ʰ58ᵐ36ˢ | |
| Dépress. (T. I, 79) pour 5,2 , | — 4 3 | | | |
| Hauteur apparente ★ (10), | 48 4 52 | T. M. exact de Paris (155), le 6 à | 5 58 36 | |
| Réfract. simple (197, T. II), | — 0 52 | T. M. du bord , le 6 à | 6 44 0 | |
| Hauteur vraie ★ , | 48 4 0 | Différence des méridiens (157) , | 0 45 24 | |
| Distance observée ☾—★ , | 45 11 42 | Longitude du navire , | 11° 21' (158) Est. | |
| Erreur instrum. ± (78) , | + 1 0 | | | |
| 1/2 d. ☾ en hʳ. ±(148, 251) , | — 15 18 | | | |
| Distance appar. ☾★ , | 44 57 24 | | | |

## N° 66.

### CALCUL DE LONGIT. PAR LA DIST. DU CENTRE DE LA LUNE A UNE ÉTOILE,
*les hauteurs étant calculées à l'aide de l'heure du lieu* (165).

Le 6 janvier 1854 au soir, on a pris des distances d'*Aldébaran* au bord éloigné de la lune, dans un lieu situé par 39° 59′ de latitude N et 11° de longitude E estimée ; la moyenne s'est trouvée de 45° 11′ 42″ (+1′), correspondant à 6ʰ 54ᵐ 44ˢ d'un chronomètre dont la marche diurne sur le T. M. est —24ˢ,0.

Le lendemain matin, après s'être avancé de 5′ vers le N et de 7′ vers l'O, on a fait un calcul d'angle horaire qui a donné, pour T. M. civil du bord, 8ʰ 40ᵐ 50ˢ, correspondant à (166) 20ʰ 51ᵐ 48ˢ du chronomètre. On demande la longitude du lieu où l'on a pris les distances lunaires le 6 au soir.

| | |
|---|---|
| 1ʳᵉ heure au chronomètre, | 6ʰ 54ᵐ 44ˢ |
| 2ᵉ id. | 20 51 48 |
| Intervalle au chron. (218), | 13 57 4 |
| Marche propor¹. ± (211), | + 14 |
| Interv. en T. M. ± (229), | —13 57 18 |
| T. M. de l'angle horaire, | 20 40 50 |
| Changem. en longitude ∓, | + 28 |
| T. M. du lieu des dist., le 6 à | 6 44 0 |
| Longitude estimée ± (17), | — 44 |
| T. M. appr. de Paris, le 6 à | 6 0 |
| T. M. du lieu des distances, | 6ʰ 44ᵐ 0ˢ |
| Æ moyenne du ☉ (36, 99), | 19 3 55 |
| Æ du méridien (100), | 1 47 55 |
| Æ de l'★ (196), | 4 27 33 |
| Angle horaire P ★ (101), | 2 39 38 |
| Ou, en arc, P ★, | 39° 54′ |
| Déclinaison ★ (196), | 16 13 B |
| Æ du méridien, en arc, | 26° 59′ |
| Æ de la lune (36), | 22 35 |
| Angle horaire P ☾ (101), | 4 24 |
| Déclinaison ☾ (36), | 5 21 B |
| Parallaxe horizontale ☾ (119), | 55′ 22″ |
| Demi-diamètre horiz. ☾ (36), | 15 6 |
| Distance observée ☾—★, | 45° 11′ 42″ |
| Erreur instrum. ± (78), | + 1 0 |
| 1/2 d. ☾ en hʳ. (148, 251)±, | — 15 18 |
| Distance apparente ☾★, | 44 57 24 |

**ÉTOILE *Aldébaran*.**

| | | |
|---|---|---|
| P, 39° 54′ | | cos. 9.88189 |
| PZ (74) 50 1 | | tang. 10.07644 |
| *Somme*—10. Tang. PD | | 9.96133 |
| AP ★ (73) 73° 47′ | | |
| PD (97) 42 27 | | C. cos. 0.13202 |
| AD (147) 31 20 | | cos. 9.93154 |
| PZ (74) 50 1 | | cos. 9.80792 |
| Som.—10. Sin. haut. vr. | | 9.87148 |
| Hauteur vr. de l'★, 48° 4′ | | |
| Réfraction (197), 0 52″ | | |
| Haut. appar. de l'★, 48 4 52 | | |

**LUNE.**

| | | |
|---|---|---|
| P de lune, 4° 24′ | | cos. 9.99872 |
| PZ (74) 50 1 | | tang. 10.07644 |
| *Somme*—10. Tang. PD | | 10.07516 |
| AP (73) 84° 39′ | | |
| PD (97) 49 56 | | C. cos. 0.19133 |
| AD (147) 34 43 | | cos. 9.91486 |
| PZ (74) 50 1 | | cos. 9.80792 |
| Som.—10. Sin. haut. vr. | | 9.91411 |
| Haut. vr. lune centre, 55° 8′ | | |
| Parall.—réfract. (102), — 31 23″ | | |
| Haut. ap. lune centre, 54 36 37 | | |

| | | |
|---|---|---|
| Dist. appar. ☾★ (4), | 44° 57′, 4 | (230) |
| Hauteur appar. ☾ | 54 36, 6 | Comp. cos. 0.23722 |
| Hauteur appar. ★ | 48 4, 9 | Comp. cos. 0.17518 |
| Somme, | 147 38, 9 | |
| Demi-somme, | 73 49, 4 | cos. 9.44498 |
| 1/2 somme∽dist. (152), 28 52, 0 | | cos. 9.94238 |
| Hauteur vraie ☾, | 55 8 | cos. 9.75714 |
| Hauteur vraie ★, | 48 4 | cos. 9.82495 |
| Somme des haut. vr. | 103 12 ‖ | Somme, 39.38185 |
| | | Demi-somme, 19.69092 |
| 1/2 som. des haut. vr. 51 36 | | ⁺cos. 9.79319 |
| | | (154) *Différ.* Sin. A 9.89773 |
| Angle auxil. A (177), 52 12, 1 | | ⁺cos. A 9.78738 |
| *Somme*—10 des 2 *cos. marqués* ⁺. Sin. demi-dist. 9.58057 | | |
| Demi-distance vraie, 22° 22′, 6 | | |
| Distance vraie, 44° 45′ 12″ (4) | | |
| *Id.* des Eph. (153) à 3ʰ, 46 16 42 ‖ | | Log. 3ʰ en s. 4.03342 |
| Différence de ces dist. 1 31 30 | | log. 3.73957 |
| Différ. des Eph. pour 3ʰ, 1 32 13 | | Comp. log. 6.25704 |
| | | *Somme*—10. Log. *x* 4.03003 |

| | |
|---|---|
| Temps *x* à ajouter à l'époque précédente, | 2ʰ 58ᵐ 36ˢ |
| T. M. exact de Paris (155), le 6 à | 5 58 36 |
| T. M. du lieu des distances, le 6 à | 6 44 0 |
| Différence des méridiens (157), | 0 45 24 |

Longitude demandée du lieu des dist. 11° 21′ (158) Est.

## CALCUL DE LONGITUDE PAR LA DISTANCE DE LA LUNE A UNE PLANÈTE ,
### *les hauteurs étant observées directement* (220).

Le 5 février 1854 , étant par 15° 6' de longitude O estimée , un calcul d'angle horaire a fait connaître qu'à 2$^h$ 30$^m$ 30$^s$ T. M. , un chronom. dont la marche est +48$^s$,1 avait pour état +1$^h$ 0$^m$ 22$^s$,5.

Environ 2$^h$ 45$^m$ plus tard , ayant fait 6' en longitude vers l'E , le soleil étant couché , mais la lumière du crépuscule permettant néanmoins de voir encore nettement l'horizon de la mer, des observateurs, élevés de 4,9 mètres , ont trouvé simultanément : la distance des bords occidentaux de la ☽ et de *Vénus* ♀ de 68° 5' 40" (—1' 30") , la hauteur du ☾ de 55° 10' (—3') , la hauteur de ♀ de 27° 17' (+2') , l'heure au chronomètre de 6$^h$ 15$^m$ 4$^s$.

On demande la longitude vraie de ces observations.

| | | | | | |
|---|---|---|---|---|---|
| 1$^{re}$ heure au chron. (213) , | 3$^h$ 30$^m$ 52$^s$, 5 | | Dist. appar. des centr., | 68° 18' 49 | |
| 2° *id.* | 6 15 4, 0 | | Hauteur apparente ☾ , 55 17 39 | | C$^i$ cos. 0.2446106 |
| Interv. au chronom. (218) , | 2 44 11 , 5 | | Haut. appar. de ♀ , | 27 15 0 | C$^i$ cos. 0.0510899 |
| Marche pr. à l'int. ± (211) ,— | 0 5 , 5 | | Somme , | 1.50 51. 28 | |
| Interv. en T. M. ± (229) , +2 44 6 | | | Demi-somme , | 75 25 44 | cos. 9.4006785 |
| T. M. du lieu de l'angle hor. 2 30 30 | | | Diff. de 1/2 s. à dist. ap. 7 6 55 | | cos. 9.9966425 |
| Chemin en long. ± (219) , + 24 | | | Hauteur vraie ☾ , 55 48 0 | | cos. 9.7498007 |
| T. M. du bord (10) , le 5 à 5 15 0 | | | Hauteur vraie de ♀ , 27 13 30 | | cos. 9.9490077 |
| Long. estim. du bord (17) , 1 0 0 | | | Somme des haut. vr. 83 1 30 ‖ | | Som. 39.3918299 |
| T.M. appr. de P. (10) , le 5 à 6 15 0 | | | | | 1/2 S. 19.6959149 |
| | | | Demi-som. des haut.vr. 41 30 45 | | · cos. 9.8743723 |
| (36, 220). Les Eph. mar. donnent : | | | (154) *Diff.* sin. A 9.8215426 | | |
| Paral. hor. ☾ 54' 29'‖Paral. hor. ♀ 26" | | | Angle auxil. A (177) , 41 31 57 | | · cos. A 9.8742381 |
| 1/2 diam. hor. 14 51 ‖1/2 diam. ♀ 24 | | | *Som.*—10 *des 2 cos. marqués* ·. Sin. 1/2 d. 9.7486104 | | |
| Hauteur observée ☾ , 55° 10' | | | Demi-distance vraie , 34° 5' 36", 5 | | |
| Erreur instrum. ± (78) , — 3 | | | Distance vraie , 68 11 13 | | |
| Dépress. (T. I, 79) p$^r$ 4,9 m. — 4 | | | Dist. des Eph.(153) à 6$^h$, 68 3 36 | | Log. de 3$_h$, 4.03342 |
| P. en h$^r$ ☾—réfr. (T. VI, 120) + 30 | | | Différ. de ces dist. , 0 7 37 | | log. 2.65992 |
| Demi-diamètre ☾ ± (81) , + 15 | | | Diff. des Eph. pour 3$^h$, 1 27 35 | | C$^i$ log. 6.27943 |
| Hauteur vraie ☾ (10) , 55 48 | | | | | Log. *x* 2.97277 |
| Parall.—réfr. ☾, *exacte* (102)— 30 21" | | | | | |
| Hauteur apparente ☾ , 55 17 39 | | | Temps *x* à ajouter à l'époque précédente, 0$^h$ 15$^m$ 39$^s$, 2 | | |
| Hauteur observée de ♀ , 27° 17' | | | T. M. exact de Paris (155) , le 5 à 6 15 39, 2 | | |
| Erreur instrum. ± (78) , + 2 | | | T. M. du bord , le 5 à 5 15 0, 0 | | |
| Dépress. (T. I, 79) p$^r$ 4,9 m. — 4 | | | Différence des méridiens (157) , 1 0 39, 2 | | |
| Hauteur appar. de ♀ (10) , 27 15 | | | | | |
| Réfract. *exacte* (197, T. II) , — 1 53" | | | Longitude vraie demandée , 15° 9' , 8 (158) Ouest. | | |
| Parall. en haut. ♀ (T. VIII) , + 23 | | | | | |
| Hauteur vraie de ♀ (10) , 27 13 30 | | | | | |
| Distance observée ☽♀ , 68° 5' 40" | | | | | |
| Erreur instrum. ± (78) , — 1 30 | | | | | |
| Demi-diam. ☾ en haut. (148) + 15 3 | | | | | |
| Demi-diamètre de ♀ , — 24 | | | | | |
| Dist. appar. des centres (10) , 68 18 49 | | | | | |

## N° 68.

### CALCUL DE LONGITUDE PAR LES CHRONOMÈTRES OU MONTRES MARINES.

| PREMIER EXEMPLE. | SECOND EXEMPLE. |
|---|---|

**PREMIER EXEMPLE.**

Le 30 septembre 1854, à midi moyen de Paris, un chronomètre dont la marche est —10ˢ,44, avait pour état —0ʰ 7ᵐ 48ˢ,9.

Le 3 novembre suivant à bord, la date de Paris étant aussi le 3, par une latitude de 42° 10' 19" N, au moment où l'heure du chronomètre était 11ʰ 40ᵐ 13ˢ,1, on a observé la hauteur du bord inférieur du soleil de 9° 40' 0" ; erreur instrumentale, +40" ; élévation de l'œil, 5,2 mètres.
On demande la longitude du navire.

| 1ʳᵉ heure au chronomètre (213), | 23ʰ 52ᵐ 11ˢ,1 |
|---|---|
| 2ᵉ *id.* | 11 40 13,1 |
| Intervalle au chronomètre (218), | 11 48 2,0 |
| Marche pr 34ʲ écoulés ± (215, 211), | + 5 55,0 |
| Intervalle approché en T. M. , | 11 53 57,0 |
| Marche prop. pr h. et m. ± (211), | + 0 5,2 |
| H. M. de Paris, le 3 novembre , | 11 54 2,2 |
| Déclinaison du ⊙ (36), | 15° 13' 15"A |
| Hauteur instrumentale ⊙ , | 9° 40' 0" |
| Erreur instrumentale ± (78), | + 0 40 |
| Dépress. pour 5,2 mèt. (T. I, 79), | — 4 3 |
| Réfraction—parall. ⊙ (T. II, 80), | — 5 33 |
| Demi-diamètre ⊙ ± (81), | + 16 10 |
| Hauteur vraie ⊖ (10), | 9 47 24 |

| Dist. AZ (82), | 80° 12' 36" | |
|---|---|---|
| AP (73), | 105 13 15 (34) | Cᵗ sin. 0.01550.82 |
| PZ (74), | 47 49 41 | Cᵗ sin. 0.13010.36 |
| Somme , | 233 15 32 | |
| Demi-somme , | 116 37 46 | |
| 1ᵉʳ reste (75), | 11 25 10 | sin. 9.29664.33 |
| 2° reste , | 68 48 5 | sin. 9.96957.08 |
| | Somme , | 19.41182.59 |

| *Demi-somme.* Sin. demi-angle hor. | 9.70591.30 |
|---|---|
| Demi-angle horaire , | 30° 32',4 , ✕ 8 |
| Angle horaire en temps (76), | 4ʰ 4ᵐ 16ˢ,5 |
| H. V. du lieu (77), le 3 , | 4 4 16,5 |
| Equation du temps ± (36, 19) , | — 16 17,6 |
| H. M. du lieu , le 3 , | 3 47 58,9 |
| H. M. de Paris, le 3 , | 11 54 2,2 |
| Différence des méridiens (157), | 8 6 3,3 |
| Longitude demandée (158), | 121° 30',83 |
| ou (4) | 121° 30' 50" O |

**SECOND EXEMPLE.**

Le 2 mars 1854, à midi moyen de Brest, une montre marine dont la marche est 10ˢ,2, avançait de 29ᵐ 11ˢ,4 sur le T. M. de ce port.

Le 29 du même mois , dans la soirée, étant par 30° 44' de latitude N et environ 49° 50' de longitude O, l'œil élevé de 18 pieds, on a observé la hauteur ⊙ de 17° 40' 30" (—1' 10").
On demande la vraie longitude du navire.

| 1ʳᵉ heure au chronomètre (213), | 0ʰ 29ᵐ 11ˢ,4 |
|---|---|
| 2ᵉ *id.* | 8 14 57,0 |
| Intervalle au chronomètre (218), | 7 45 45,6 |
| Marche pr 27ʲ écoulés ± (215, 211), | — 4 35,4 |
| Intervalle approché en T. M. , | 7 41 10,2 |
| Marche prop. pr h. et m. ± (211), | — 0 3,3 |
| H. M. de Brest, le 29 , | 7 41 6,9 |
| Longit. de Brest, en temps ± (17), | + 27 18,5 |
| H. M. de Paris, le 29 , | 8 8 25,4 |
| Déclinaison du ⊙ (36), | 3° 29' 44" B |
| Hauteur instrumentale ⊙ , | 17° 40' 30" |
| Erreur instrumentale ± (78) , | — 1 10 |
| Dépress. pour 18 pieds (T. I, 79), | — 4 18 |
| Réfraction—parall. ⊙ (T. II, 80), | — 2 53 |
| Demi-diamètre ⊙ ± (81) , | + 16 2 |
| Hauteur vraie ⊖ (10), | 17 48 11 |

| Distance AZ (82), | 72° 11' 49" | |
|---|---|---|
| AP (73), | 86 30 16 | Cᵗ sin. 0.00081 |
| PZ (74), | 59 16 0 | Cᵗ sin. 0.06573 |
| Somme , | 217 58 5 | |
| Demi-somme , | 108 59 2 | |
| 1ᵉʳ reste (75), | 22 28 46 | sin. 9.58246 |
| 2° reste , | 49 43 2 | sin. 9.88245 |
| | Somme , | 19.53145 |

| *Demi-somme.* Sin. demi-angle horaire , | 9.76572 |
|---|---|
| Demi-angle horaire , | 35° 40', ✕ 8 |
| Angle horaire en temps (76), | 4ʰ 45ᵐ 20ˢ,0 |
| H. V. du lieu (77), le 29 , | 4 45 20,0 |
| Equation du temps ± (36, 19), | + 4 48,7 |
| H. M. du lieu , le 29 , | 4 50 8,7 |
| H. M. de Paris, le 29 , | 8 8 25,4 |
| Différence des méridiens (157), | 3 18 16,7 |
| Longitude vraie demandée (158), | 49° 34',2 |
| ou (4), | 49° 34' 12" O |

# N° 69.

**CORRECTION** *des longitudes obtenues par les chronomètres ou montres marines.*

---

### PREMIER EXEMPLE.

Après 37 jours de traversée, un chronomètre a donné 38' 30" d'erreur sur la longitude d'arrivée. On demande l'erreur commise sur une longitude obtenue par ce chronomètre, à la fin du 28ᵉ jour de cette traversée.

Multiple (168) pour 37 jours, 37 × 19 ou 703
*Id.*     pour 28    14 × 29 ou 406

L'erreur sur la longitude (169), obtenue le 28ᵉ jour, vaut 38' 30" × 406 et divisé par 703.

| | CALCUL PAR LOGARITHMES. |
|---|---|
| 38' 30" = 2310 | |
| 406 | 38' 30"   Log. 3.36361 |
| 13860 | 406   Log. 2.60853 |
| 9240 } 703 | 703   C⁴ log. 7.15310 |
| 937860 (703 | |
| 2348 (1334" | Somme—10.   3.12518 |
| 2396   22' 14" | Erreur au 28ᵉ jour, 22' 14" |
| 2870 | |

### SECOND EXEMPLE.

Le 14 février 1854, on embarque un chronomètre dont on a déterminé l'état sur le T. M.

Après une traversée de 26 jours, c'est-à-dire, le 12 mars, on arrive à Brest, dont on trouve la longitude de 7° 27' O par le chronomètre, tandis qu'elle est réellement de 6° 49' 35" O. On demande de corriger la longitude du lieu où l'on se trouvait le 3 mars, longitude qu'on a trouvée de 14° 10' 30" Ouest, à l'aide du chronomètre.

| | | |
|---|---|---|
| Du 14 février au 12 mars, il y a | | 26 jours. |
| Du 14 février au 3 mars, il y a | | 17 jours. |
| Longitude vraie de Brest, | | 6° 49' 35" O |
| Longit. de Brest par le chronomètre, | 7 | 27   0   O |
| Correct. pour 26 jours, à l'E (244), | 0 | 37   25 |
| Multiple (168) pour 26 jours, | | 13 × 27 ou 351 |
| *Id.*    pour 17 , | | 17 × 9 ou 153 |

Correct. (169) p' Brest, 37' 25"    Log. 3.35122
Multiple pour 17 jours,   153    Log. 2.18469
Multiple pour 26 jours,   351    C⁴ log. 7.45469
           Somme—10.... 2.99060

Correct. de la longit. du 3 mars (170),   0° 16' 19" E
Longitude d'après le chronomètre,   14  10  30 O
Longit. corrigée du 3 mars (172),   13  54  11 O

### TROISIÈME EXEMPLE.

A une certaine époque, on détermine la marche d'une montre marine; on la trouve de —13ˢ,5. Trente-quatre jours après, pendant une relâche, on détermine de nouveau la marche, et on la trouve de —5ˢ,9. On demande la correction de la longitude obtenue par cette montre au 26ᵉ jour de la traversée.

Marche de la montre à la 1ʳᵉ époque, —13ˢ,5
     *Id.*      à la 2ᵉ      — 5, 9
Changem. de marche (175, 11) en 34ʲ, + 7, 6
Moitié,                + 3, 8, ×
Nombre total des j. de la traversée,    34
*Produit.* Correct. (171) à porter à l'E, 129ˢ,2
Ou bien, en arc (169), 32' 18"   log. 3.28735
Multiple pour 26ʲ (168),   351    log. 2.5453ı
Multiple pour 34ʲ,     595   C⁴ log. 7.22548
           Somme—10.... 3.05814

Correct. de la long. du 26ᵉ jour (170),   19' 3" E

### QUATRIÈME EXEMPLE.

Le 6 avril 1854, on trouve, pour la marche d'une montre marine, +3ˢ,3. On embarque cette montre, et le 21 avril on trouve, par son moyen, que l'on est par 24° 12' 30" de longitude Est.

Enfin, le 29 avril, pendant une relâche, on détermine de nouveau la marche, et on la trouve de —1ˢ,5. Il faut corriger la longit. du 21 avril.

| | | | |
|---|---|---|---|
| Du 6 au 29, il y a 23 j. : | multiple (168), | | 276 |
| Du 6 au 21,   15 j. : | *id.* | | 120 |
| Marche à la 1ʳᵉ époque, le 6, | | | + 3ˢ,3 |
|      à la 2ᵉ    le 29, | | | — 1, 5 |
| Chang. de marche en 23ʲ (175, 11), | | | — 4, 8 |
| Moitié, | | | — 2, 4, × |
| Nombre total des j. de la traversée, | | | 23 |

*Produit.* Correct. (171) à porter à l'O,   55ˢ,2
Ou bien, en arc (169),   13' 48"   log. 2.91803
Multiple pour 15 jours,   120    log. 2.07918
Multiple pour 23 jours,   276   C⁴ log. 7.55909
           Somme—10.... 2.55630

Correct. de la longit. du 21 (170),   0° 6' 0" O
Longitude par la montre, le 21,   24  12  30 E
Longit. corrigée du 21 avril (172), 24   6  30 E

## N° 70.

**EXEMPLE** *de la manière dont on peut combiner les longitudes obtenues par les montres marines avec celles données par les distances lunaires, pour obtenir des longitudes plus exactes.*

---

Supposons que l'on soit parvenu aux résultats suivants :

| PREMIÈRE SÉRIE. | | | | DEUXIÈME SÉRIE. | | |
|---|---|---|---|---|---|---|
| Mars 1854. | Longitudes par la montre marine. | Longitudes par des distances occidentales. | Mars 1854. | Longitudes par la montre marine. | Longitudes par des distances orientales. | |
| Le 3 | 48° 27′ O | 47° 42′ O | Le 19 | 59° 12′ O | 58° 27′ O | |
| 4 | 49 2 | 48 20 | 20 | 58 41 | 57 54 | |
| 5 | 48 55 | 48 8 | 21 | 59 2 | 58 11 | |
| 6 | 49 50 | 49 2 | 22 | 60 0 | 59 5 | |
| 7 | 50 20 | 49 37 | 23 | 60 40 | 59 48 | |

Le jour intermédiaire est le 5.      Le jour intermédiaire est le 21.

Le 13, jour intermédiaire entre le 5 et le 21, on a reconnu, par la montre marine seulement, que la longitude du lieu où l'on se trouvait alors était de 56° 50′ O.

On demande :

1° De réduire toutes les longitudes de la première série, obtenues par les distances, au 5, jour intermédiaire moyen de cette première série ;

2° De réduire toutes les longitudes de la deuxième série, obtenues par les distances, au 21, jour intermédiaire moyen de cette deuxième série ;

3° Enfin, de trouver la longitude corrigée pour le 13, jour interméd. moyen entre le 5 et le 21.

---

| PREMIÈRE SÉRIE. | | | | DEUXIÈME SÉRIE. | | | |
|---|---|---|---|---|---|---|---|
| Mars 1854. | Long. par la montre. | Différ. à celle du 5 (173). | Long. par les distances | Longit. réd. au 5 (174). | Mars 1854. | Long. par la montre. | Différ. à celle du 21 (173). | Long. par les distances | Longit. réd. au 21 (174). |

| Mars 1854. | Long. par la montre. | Différ. à celle du 5 (173). | Long. par les distances | Longit. réd. au 5 (174). | Mars 1854. | Long. par la montre. | Différ. à celle du 21 (173). | Long. par les distances | Longit. réd. au 21 (174). |
|---|---|---|---|---|---|---|---|---|---|
| Le 3 | 48° 27′ | +0° 28′ | 47° 42′ | 48° 10′ O | Le 19 | 59° 12′ | —0° 10′ | 58° 27′ | 58° 17′ O |
| 4 | 49 2 | —0 7 | 48 20 | 48 13 | 20 | 58 41 | +0 21 | 57 54 | 58 15 |
| 5 | 48 55 | — | 48 8 | 48 8 | 21 | 59 2 | — | 58 11 | 58 11 |
| 6 | 49 50 | —0 55 | 49 2 | 48 7 | 22 | 60 0 | —0 58 | 59 5 | 58 7 |
| 7 | 50 20 | —1 25 | 49 37 | 48 12 | 23 | 60 40 | —1 38 | 59 48 | 58 10 |
| | | | | Somme, 50 | | | | | Somme, 60 |

**Moyenne** (130). Longit. réduite au 5.... 48° 10′ O    **Moyenne** (130). Longit. réduite au 21... 58° 12′ O

| Mars 1854. | Longitude par la montre. | Différ. à celle du 13 (173). | Longitudes déjà réduites. | Longit. réduite au 13 (174). |
|---|---|---|---|---|
| Le 5 | 48° 55′ O | + 7° 55′ | 48° 10′ O | 56° 5′ O |
| 13 | 56 50 | — | (à trouver) | |
| 21 | 59 2 | — 2 12 | 58 12 | 56 0 O |
| | | | | Somme, 5 |

**Moyenne** (130). Longitude réduite au 13...... 56° 2′ 30″ Ouest.

## N° 71.

POSITION DU NAVIRE, *déterminée par ses distances à trois points en vue.*

### PREMIER EXEMPLE (240).

Trois points A, C, B d'une côte étant en vue, et connaissant les distances AC=300 mètres, BC=500 mètres, ainsi que l'angle ACB=120°, compté du côté du navire que l'on suppose en un point O, duquel on a mesuré les angles AOC=17° 20', et BOC=23° 12'; on demande les distances OA, OC et OB du navire aux trois points de la côte.

```
ACB       120° 0'     AC   300   C⁺ log. 7.52288
AOC        17 20      BC   500      log. 2.69897
BOC        23 12      AOC 17°20'    sin. 9.47411
Somme,    160 32      BOC 23 12  C⁺ sin. 0.40457
Demi-som.  80 16      S.—10. Tang. M 10.10053
Arc D (241) 99 44     Angle auxil. M, 51°34'
                      Sa diff. à 45°. M⌇45°  6 34
M⌇45°    6° 34'............ tang. 9.06113
Arc D    99 44|........... tang. 10.76565
Arc E    33 52|S.—10. tang. E 9.82678 (242)
Angle A  65 52  (243)
Angle B 133 36
```

#### CALCUL DE LA DISTANCE OC (248).

```
AC     300      Log. 2.47712
A      65°52'   sin. 9.96028
AOC    17 20    Comp. sin. 0.52589
       Somme—10. Log. OC 2.96329
```
Distance demandée OC, 919,1 mètres.

#### CALCUL DE LA DISTANCE OA.

```
AC       300    Log. 2.47712
A+AOC    83°12' sin. 9.99693
AOC      17 20  Comp. sin. 0.52589
       Somme—10. Log. OA 2.99994
```
Distance demandée OA, 999,9 mètres.

#### CALCUL DE LA DISTANCE OB.

```
BC       500    Log. 2.69897
B+BOC   156°48' sin. 9.59543
BOC      23 12  Comp. sin. 0.40457
       Somme—10. Log. OB 2.69897
```
Distance demandée OB, 500,0 mètres.

### SECOND EXEMPLE (240).

Trois points A, C, B d'une côte sont en vue; la distance AC est de 561 mètres, la distance BC de 749 mètres, et l'angle ACB compris entre elles et compté du côté du navire, de 200° 30'. Ce navire est en un point O, duquel on a mesuré les angles AOC=39° 19' et BOC=44° 11'. On demande les distances OA, OC, OB du navire aux trois points de la côte.

```
ACB       200°30'     AC   561   C⁺ log. 7.25104
AOC        39 19      BC   749      log. 2.87448
BOC        44 11      AOC 39°19'    sin. 9.80182
Somme,    284 0       BOC 44 11  C⁺ sin. 0.15679
Demi-som. 142 0       S.—10. Tang. M 10.08413
Arc D (241) 38 0      Angle auxiliaire M, 50°31'
Différence de M à 45, ou M⌇45°,      5 31
M⌇45°    5°31'............ tang. 8.98490
Arc D    38 0|........... tang. 9.89281
Arc E     4 19|S.—10. Tang. E 8.87771 (242)
Angle A  42 19  (243)
Angle B  33 41
```

#### CALCUL DE LA DISTANCE OC (248).

```
AC     561      Log. 2.74896
A      42°19'   sin. 9.82816
AOC    39 19    Comp. sin. 0.19818
       Somme—10. Log. OC 2.77530
```
Distance demandée OC, 591,93 mètres.

#### CALCUL DE LA DISTANCE OA.

```
AC       561    Log. 2.74896
A+AOC    81°38' sin. 9.99535
AOC      39 19  Comp. sin. 0.19818
       Somme—10. Log. OA 2.94249
```
Distance demandée OA, 875,98 mètres.

#### CALCUL DE LA DISTANCE OB.

```
BC       749    Log. 2.87448
B+BOC    77°52' sin. 9.99019
BOC      44 11  Comp. sin. 0.15679
       Somme—10. Log. OB 3.02146
```
Distance demandée OB, 1050,66 mètres.

**Fin des Types de Calculs.**

# SECONDE PARTIE

# EXPLICATION

DES

## RENVOIS MARQUÉS AUX TYPES DES CALCULS.

(1) *Pour multiplier un nombre par* 60 , on avance la virgule décimale d'un rang vers la droite, puis on multiplie par 6. EXEMPLES :

| | | | |
|---|---|---|---|
| On veut multiplier par 60 les nombres | 41 | 3,7 | 11,224. |
| La virgule , avancée d'un rang vers la droite , donne | 410 | 37 | 112,24 |
| Puis , le produit par 6 donne les résultats demandés | 2460 | 222 | 673,44 |

(2) *Pour diviser un nombre par* 60 , on recule la virgule décimale d'un rang vers la gauche, puis on divise par 6. EXEMPLES :

| | | | | |
|---|---|---|---|---|
| On veut diviser par 60 les nombres | 32,4 | 2460 | 222 | 673,44 |
| La virgule reculée d'un rang vers la gauche, donne | 3,24 | 246,0 | 22,2 | 67,344 |
| Puis , la division par 6 donne les résultats demandés | 0,54 | 41,0 | 3,7 | 11,224 |

(3) *Pour prendre le soixantième d'un nombre de degrés ou heures , minutes et secondes ,* il suffit de regarder les degrés ou heures comme étant des minutes , les minutes comme des secondes, et les secondes comme des tierces.

Ainsi , le soixantième de $73^\circ$ 19' 20'' est 73' 19'' 20''', ou $1^\circ$ 13' 19'' 20'''.

De même , le soixantième de $21^h$ $9^h$ $47^m$ $18^s$ ou de $57^h$ $47^m$ $18^s$, est $57^m$ $47^s$ $18^t$.

(4) *Réduction des secondes en dixièmes de minutes , et réciproquement.* Pour réduire les secondes en dixièmes de minutes , on les divise par 6. Ainsi , $42''=0',7$ ; $36^s=0^m,6$ ; $2'$ $18''=2',3$ ; $7^m 54^s=7^m, 9$ , etc.

Pour réduire les dixièmes de minutes en secondes , on les multiplie par 6. Ainsi , $0',1=6''$ ; $0^m,7=42^s$ ; $3',7=3'$ $42''$ ; $4^m,3=4^m$ $18''$, etc.

(5) *Réduction des degrés , minutes et secondes en secondes.* On pose les unités de minutes et, à leur gauche , le produit des degrés par 6, en y ajoutant à vue le nombre qui exprime les dizaines de minutes ; on a ainsi les degrés et minutes réduits en minutes. On pose les unités de secondes et , à leur gauche , le produit des minutes déjà trouvées par 6, en y ajoutant à vue le nombre qui exprime les dizaines de secondes ; on a ainsi les degrés , minutes et secondes réduits en secondes.

On suit une marche semblable pour *réduire des heures , minutes et secondes en secondes.*

Voici quelques exemples :

| | | | | | |
|---|---|---|---|---|---|
| $1^\circ$ 29' | $1^\circ$ 29' 45'' | $17^\circ$ 39' 37'', 4 | $3^h 17^{mi}$ | $3^h 17^m 45^s$ | $2^m 58^s$, 7 |
| 89' | 89' | 1059' | 197 | $197^m$ | $178^s$, 7 |
| | 5385'' | 63577'', 4 | | $11865^s$ | |

7

(6) *Réduction des secondes de degré en degrés , minutes et secondes.* On sépare par un point ou par la pensée le chiffre des unités de seconde ; on prend le sixième de ce qu'on a à gauche ; le quotient donne les minutes , et le reste de la division est des dizaines de seconde à la droite desquelles on écrit les unités qu'on avait séparées. On sépare le chiffre des unités de minute ; on prend le sixième de ce qu'on a à gauche ; le quotient donne les degrés , et le reste de la division est des dizaines de minute à la droite desquelles on écrit les unités qu'on avait séparées.

On suit une marche semblable pour *réduire des secondes de temps en heures , minutes et secondes.*

Voici quelques exemples :

|  |  |  |  |  |  |
|---|---|---|---|---|---|
| 89" | 5385" | 63577", 4 | 197ᵐ | 11865ˢ | 178ˢ, 7 |
| 1' 89" | 89' 45" | 1059' 37", 4 | 3ʰ 17ᵐ | 197ᵐ45ˢ | 2ᵐ 58ˢ, 7 |
|  | 1° 29' 45" | 17° 39' 37", 4 |  | 3ʰ 17ᵐ45ˢ |  |

(7) Pour réduire une fraction décimale du jour en heures , minutes et secondes , on multiplie cette fraction par 24 , c'est-à-dire , par 4 , puis par 6 ; les entiers du produit sont des heures. On multiplie la partie décimale restante par 60 (1) ; les entiers du produit sont des minutes. On multiplie la partie décimale restante par 60 ; les entiers du produit sont des secondes. **Exemples :**

Réduire 0,554 jour en h. , m. et s.

| 0,554 multiplié par 4 , fait | 2,216 |
|---|---|
| 2,216 | 6, | 13ʰ, 296 |
| 0,296 | 60 (1), | 17ᵐ,76 |
| 0,76 | 60 | 45ˢ, 6 |

Donc, 0ʲ, 554 fait 13ʰ 17ᵐ 45ˢ, 6

Réduire 0,1234 de jour en h. , m. et s.

| 0,1234 multiplié par 4 , fait | 0,4936 |
|---|---|
| 0,4936 | 6 , | 2ʰ,9616 |
| 0,9616 | 60 (1) , | 57ᵐ,696 |
| 0,696 | 60 , | 41ˢ,76 |

Donc , 0ʲ, 1234 fait 2ʰ 57ᵐ 41ˢ, 76

(8) Pour réduire des heures , minutes et secondes en fraction décimale du jour , on divise les secondes par 60 (2) ; on a une fraction de minute à laquelle on ajoute les minutes. On divise cette somme par 60 ; on a une fraction d'heure à laquelle on ajoute les heures. On divise cette somme par 24 , c'est-à-dire , par 6 , puis par 4 ; on a alors la fraction décimale de jour demandée.

**Exemples :**

On veut réduire 13ʰ 17ᵐ 45,6 en fraction décimale du jour.

| 45ˢ,6 divisé par 60 (2) , font | 0ᵐ,76 |
|---|---|
| 17ᵐ, 76 divisé par 60 , | 0ʰ, 296 |
| 13ʰ, 296 divisé par 6 , | 2 , 216 |
| Puis , divisé par 4 , | 0ʲ, 554 |

On demande de réduire 2ʰ 57ᵐ 41ˢ,76 en fraction décimale du jour.

| 41ˢ, 76 divisé par 60 , donne | 0ᵐ,696 |
|---|---|
| 57ᵐ, 696 divisé par 60 , | 0ʰ,9616 |
| 2ʰ, 9616 divisé par 6 , | 0 , 4636 |
| Puis , divisé par 4 , | 0ʲ, 1234 |

(9) Pour réduire en une seule ou ajouter algébriquement deux quantités affectées des signes + ou —, si elles sont de même signe , on en fait une somme ; si elles sont de différents signes , on en fait une différence. On donne au résultat le signe de la plus grande. **Exemples :**

| Les nombres | + 15 | + 15 | — 15 | — 15 |
|---|---|---|---|---|
| étant *algébriquement* ajoutés aux nombres | + 5 | — 5 | + 5 | — 5 |
| donnent pour réduction | + 20 | + 10 | — 10 | — 20 |

(10) *Réduction , par une seule opération , de quantités en +  et en —.*

Il faut se rendre cette opération familière , parce qu'elle est beaucoup plus courte que les additions et soustractions successives qui peuvent , comme elle , conduire au résultat final , et que l'occasion d'en faire usage se présente fréquemment dans les calculs d'astronomie nautique. Nous allons faire connaître , sur l'exemple suivant , la manière de la pratiquer :

|  |  |
|---|---|
| | + 619,8217 |
| — | 90,179. |
| — | 181,289. |
| + | 218,9143 |
| — | 83,1189 |
| Réduction , | 484,1491 |

*Preuve.*

|  |  |
|---|---|
| | + 619,8217 |
| — | 90,179 |
| Reste , | 529,6427 |
| — | 181,289 |
| Reste , | 348,3537 |
| + | 218,9143 |
| Somme , | 567,2680 |
| — | 83,1189 |
| Résultat , | 484,1491 |

Les nombres +619,8217 , — 90,179 , — 181,289 , + 218,9143 et —83,1189 se sont présentés dans l'ordre où on les voit ci-contre, écrits les uns sous les autres ; on demande leur réduction.

Je souligne le tout ; puis , commençant par la droite , je dis :

1re *Colonne.* 7 et 3 font 10 , moins 9 , reste 1 que j'écris sous la première colonne.

2e *Colonne.* 1 et 4 font 5 , somme des + * ; puis 9 et 9 font 18 , et 8 font 26 , somme des — ** ; 26 de 5 ne se peut : alors , pour rendre la soustraction possible , j'augmente 5 d'un nombre suffisant d'unités de l'ordre immédiatement supérieur à gauche (ici , c'est de 3 dizaines ou de 30) , et je dis : 26 de 35 reste 9 , que j'écris sous la deuxième colonne ; et pour tenir compte de l'augmentation de 3 dizaines , faite aux + de cette colonne , je retiens 3 pour les joindre aux — de la colonne suivante.

3e *Colonne.* Je dis donc , 3 de retenue et 7 font 10 , et 8 font 18 , et 1 font 19 , pour les — ; puis 2 et 1 font 3 , pour les + ; 19 de 3 ne se peut ; alors 19 de 2 dizaines plus 3 ou de 23 , reste 4 que je pose , et retiens 2 pour les — de la colonne suivante.

4e *Colonne.* 2 de retenue et 1 font 3 , et 2 font 5 , et 1 font 6 , pour les — ; puis 8 et 9 font 17 , pour les + ; 6 de 17 reste 11 , je pose 1 et retiens 1 pour les +.

5e *Colonne.* 1 de retenue et 9 font 10 , et 8 font 18 pour les + ; 1 et 3 font 4 pour les — ; 4 de 18 reste 14 , je pose 4 et retiens 1 pour les +.

6e *Colonne.* 1 de retenue et 1 font 2 , et 1 font 3 , en + ; 9 et 8 font 17 , et 8 font 25 , en — ; 25 de 3 ne se peut ; alors 25 de 33 reste 8 que je pose , et retiens 3 pour les +.

7e *Colonne.* 3 de retenue et 1 font 4 , en — ; 6 et 2 font 8 , en + ; 4 de 8 reste 4 , que je pose.

La réduction est donc 484,1491 ; on en a la preuve en faisant les additions et soustractions successives dans l'ordre où elles se présentent , ce qui est beaucoup plus long. On pourra s'exercer sur les exemples suivants :

|  |  |  |  |  |
|---|---|---|---|---|
| | 1908 | 104° 19' 51" | 3J 4h 29m 50s | |
| | — 91 | — 3981 | — 6 50 19 | — 0 23 51 29 |
| 399 | + 310 | + 8919 | — 2 41 28 | + 1 2 18 14 |
| — 62 | + 19 | + 738 | + 1 8 50 | — 0 21 40 18 |
| — 87 | — 183 | — 192 | — 0 51 9 | — 1 19 52 8 |
| 250 | 55 | 7392 | 95 5 45 | 0 13 24 9 |

(11) Pour retrancher *algébriquement* une quantité d'une autre , il faut changer le signe de celle qu'on retranche , puis on fait la réduction (9). Exemples :

| Si de | | +10 | +10 | —10 | —10 |
|---|---|---|---|---|---|
| on veut retrancher | | + 4 | — 4 | + 4 | — 4 |
| il reste | | +10—4 | +10+4 | —10—4 | —10+4 |
| Ou , en réduisant (9) , | | + 6 | +14 | —14 | —14 |

(12) Quand on fait la différence des valeurs consécutives d'un élément de calcul , on doit toujours retrancher algébriquement (11) celle qui répond à l'époque la moins avancée de celle qui répond à l'époque qui l'est le plus. **Exemples :**

* C'est-à-dire , somme des nombres de cette colonne qui sont affectés du signe +.

** C'est-à-dire , somme des nombres de cette colonne qui sont affectés du signe —.

EXEMPLES : { 
Equation du temps, le 6,    + 2ᵐ 15ˢ, 2 | + 2ᵐ 39ˢ, 7 | + 0ᵐ 10ˢ, 1 | — 0ᵐ 10ˢ, 1

*Id.*    le 7,    + 2 39, 7 | + 2 15, 2 | — 0 13, 8 | + 0 13, 8

Différ. de l'équat. du 6 au 7, + 0 24, 5 | — 0 24, 5 | — 0 23, 9 | + 0 23, 9

(13) *Pour convertir les degrés en temps*, il faut multiplier le tout par 4, et compter le produit de chaque subdivision pour la subdivision inférieure de l'heure, c'est-à-dire, celui des degrés pour des minutes de temps, celui des minutes pour des secondes et celui des secondes pour des tierces. Voyez les exemples suivants :

$$13° \qquad 13° \ 54' \qquad 13° \ 54' \ 48'' \qquad 20° \ 20' \ 20'' \qquad 79° \ 44' \ 39'' \ 45'''$$
$$\underline{4} \qquad\quad \underline{4} \qquad\qquad \underline{4} \qquad\qquad\quad \underline{4} \qquad\qquad\qquad \underline{4}$$
$$52^m \qquad 55^m \ 36^s \qquad 55^m \ 39^s \ 12^t \qquad 1^h \ 21^m \ 21^s \ 20^t \qquad 5^h \ 18^m \ 58^s \ 39^t \ 0^q$$

Il faut prendre l'habitude de faire ces produits sans écrire le multiplicateur 4.

(14) *Pour convertir le temps en arc*, c'est-à-dire, *en degrés et subdivisions*, il faut d'abord réduire les heures en minutes (5), puis prendre le quart du tout, en comptant le quotient de chaque subdivision pour la subdivision immédiatement supérieure du degré ; c'est-à-dire, celui des minutes pour des degrés, celui des secondes pour des minutes et celui des tierces pour des secondes. Voyez les exemples suivants :

$$\qquad\qquad\qquad\qquad\qquad\qquad\qquad\qquad\qquad 1^h \ 21^m \ 21^s \ 20^t \qquad 5^h \ 18^m \ 58^s \ 39^t$$
$$52^m \ 56^s \ 36^t \qquad 55^m \ 39^s \ 12^t \qquad \text{ou } 81^m \ 21^s \ 20^t \qquad \text{ou } 318^m \ 58^s \ 39^t$$
$$\text{Le quart, } 13° \ 14' \ 9'' \qquad 13° \ 54' \ 48'' \qquad 20° \ 20' \ 20'' \qquad 79° \ 44' \ 39'' \ 45'''$$

(15) *Pour convertir le temps civil en temps astronomique*, je regarde s'il est du matin ou du soir. S'il est du matin, j'ajoute 12 heures aux heures, je retranche un jour du quantième et je supprime le mot *matin* ; s'il est du soir, je le laisse tel qu'il est et je supprime le mot *soir*. EXEMPLES :

Le 8 Mai à 7ʰ 10ᵐ du soir fait, en temps astronomique,    le 8 Mai à 7ʰ 10ᵐ.

Le 8 Mai à 7ʰ 10ᵐ du matin. . . . . . . . . . . le 7 Mai à 19ʰ 10ᵐ.

Le 1ᵉʳ Mai à 11ʰ 20ᵐ du matin. . . . . . . . . . le 30 Avril à 23ʰ 20ᵐ.

Le 6 Août à midi. . . . . . . . . . . . . . le 6 Août à 0ʰ.

Le 6 Août à minuit. . . . . . . . . . . . . le 5 Août à 12ʰ.

(16) *Pour convertir le temps astronomique en temps civil*, je regarde s'il y a plus de 12 heures ou moins de 12 heures. S'il y a plus de 12 heures, je retranche 12 des heures, et le reste est le temps civil du lendemain au *matin* ; s'il y a moins de 12 heures, j'ajoute simplement le mot *soir*, sans rien changer au quantième. Ainsi,

Le 8 Mai à 7ʰ 10ᵐ fait, en temps civil. . . . . le 8 Mai à 7ʰ 10ᵐ du soir.

Le 7 Mai à 19ʰ 10ᵐ. . . . . . . . . . . le 8 Mai à 7ʰ 10ᵐ du matin.

Le 30 Avril à 23ʰ 20ᵐ. . . . . . . . . . le 1ᵉʳ Mai à 11ʰ 20ᵐ du matin.

Le 6 Août à 0ʰ. . . . . . . . . . . . le 6 Août à midi.

Le 5 Août à 12ʰ. . . . . . . . . . . . le 6 Août à minuit.

(17) *Pour réduire l'heure d'un lieu quelconque à l'heure de Paris*, je réduis l'heure du lieu en temps astronomique (15) ; j'écris au-dessous sa longitude réduite en temps (13). Si la longitude est Ouest, je l'ajoute à l'heure du lieu ; si elle est Est, je l'en retranche. EXEMPLES :

| | |
|---|---|
| Temps du lieu, le 8 août à    10ʰ 24ᵐ matin | Temps du lieu, le 16 mai à   minuit 10ᵐ 11ˢ |
| Longitude du lieu,    109° 40' Ouest | Longitude,    13° 54' 45'' Est |
| On demande le temps corresp. astron. de Paris | On demande le temps correspondant astronomique de Paris. |
| Temps astronomique du lieu, le 7 à   22ʰ 24ᵐ 0ˢ | |
| Longitude en temps, Ouest,    + 7 18 40 | Temps astronomique du lieu, le 15 à 12ʰ 10ᵐ 11ˢ |
| Temps astronomique de Paris, le 7 à 29 42 40 | Longitude en temps, Est,    — 0 55 39 |
| Ce qui fait,    le 8 à   5 42 40 | Temps astronomique de Paris, le 15 à 11 14 32 |

(18) *Pour réduire l'heure de Paris à l'heure d'un lieu quelconque* , je réduis l'heure de Paris en temps astronomique (15) ; j'écris au-dessous la longitude du lieu réduite en temps (13); puis, si la longitude est O , je la retranche de l'heure de Paris , et si elle est Est, je l'y ajoute. EXEMPLES :

Temps civil de Paris , le 10 mai à 11ʰ 16ᵐ matin. | Temps civil de Paris , le 1ᵉʳ mai à 2ʰ 57ᵐ 14ˢ soir.
Longitude d'un lieu , 141° 30' Est. | Longitude d'un lieu , 73° 57' 30".

On demande le temps correspondant astronomique de ce lieu. | On demande le temps correspondant astronomique de ce lieu.

Temps astronomique de Paris, le 9 à    23ʰ 16ᵐ | Temps astronom. de Paris, le 1ᵉʳ à    2ʰ 57ᵐ 14ˢ
Longitude du lieu , en temps , Est ,   + 9 26 | Longitude du lieu , en temps , O ,   — 4 55 50
Temps astronom. du lieu , le 10 mai à    8 42 | Temps astron. du lieu , le 30 avril à 22   1 24

(19) *Pour convertir le T. V. en T. M.* , je combine , avec le signe que je lui trouve dans les Ephémérides maritimes , l'équation du temps avec le T. V. , c'est-à-dire que j'ajoute l'équation au T. V. si elle a le signe + , et je la retranche au contraire du T. V. si elle a le signe —. Cet élément est réduit à l'heure de Paris T. V. (36)

(20) *Pour convertir le T. M. en T. V.* , je combine le T. M. avec l'équation du temps , en donnant à celle-ci un signe contraire à celui que je lui trouve dans les Ephémérides maritimes , c'est-à-dire que j'ajoute l'équation au T. M. si elle a le signe — , et que je la retranche du T. M. si elle a le signe +. Cette équation est réduite à l'heure de Paris T. V. (36)

(21) *Pour réduire des lieues marines en milles* , je multiplie les lieues par 3; ainsi une lieue fait 3 milles , 17 lieues font 51 milles , 17 lieues 2|3 font 53 milles , 17 lieues 3/4 font 53 milles 1/4 , 17 lieues 8 dixièmes font 53 milles 4 dixièmes , etc.

(22) *Pour réduire des milles en lieues* , je divise les milles par 3 ; ainsi 3 milles font une lieue , 51 milles font 17 lieues , 53 milles font 17 lieues 2/3 , 53 milles 1/4 font 17 lieues 3/4 , 53 milles 4 dixièmes font 17 lieues 8 dixièmes , etc.

(23) *Pour réduire les milles en arc de grand cercle* , ce qu'on appelle aussi *réduire les milles en degrés* , on change simplement la dénomination de *mille* en celle de *minute* ; de ces minutes on extrait les degrés, s'il y en a. Ainsi , 23 milles font 23' ; 23ᵐ 1/4 font 23' 1/4 ou 23' 15" ; 23ᵐ, 7 font (4) 23' 42" ; 147ᵐ 2/3 font 147' 2/3 ou 2° 27' 40" , etc.

(24) *Pour réduire un arc de grand cercle de la terre en milles* , ce qu'on appelle aussi *réduire les degrés en milles* , on réduit les degrés en minutes , puis on change la dénomination de *minute* en celle de *mille*. Ainsi , 1° fait 60' ou 60 milles ; 2° 11' font 131' ou 131 milles ; 2° 11' 20" font 131' 20/60 ou 131 milles 1/3 ; 2° 11' 24" ou 131', 4 font 131ᵐ, 4 , etc.

(25) *Pour réduire des lieues en arc de grand cercle* , ce qu'on appelle aussi *réduire les lieues en degrés* , on divise le nombre des lieues par 20 , ce qui donne des degrés au quotient ; on convertit les lieues qui restent en milles (21) , et ceux-ci en arc (23). Ainsi , 7 lieues font 21 milles ou 21 minutes ; 17 lieues 3/4 font 53ᵐ 1/4 ou 53' 15" ; 57 lieues 3/4 , contenant 2 fois 20 lieues plus 17 lieues 3/4 , font 2° 53' 15" , etc.

(26) *Pour réduire un arc de grand cercle en lieues* , ce qu'on appelle aussi *réduire les degrés en lieues* , on multiplie les degrés par 20 et on y ajoute le tiers des minutes ; s'il y a des secondes , on les réduit en fraction de minutes avant de prendre le tiers. Ainsi , 3° 18' font 3 fois 20 plus un tiers de 18, ou 66 lieues ; 3° 36' ou 3° 18',6 (4) font 66,2 lieues ; 2° 23' 45" ou 143' 3/4 font 47 lieues 11/12 ; 3° 10' 44" ou 190',7333..... font 63,5777..... lieues.

**(27)** *Mesure du chemin.* Pour mesurer en milles le chemin fait par un navire pendant un certain temps, il faut multiplier le nombre de nœuds que l'on a trouvé en jetant le loch par le nombre d'heures et fraction pendant lesquelles il a conservé la vitesse trouvée par cette expérience. Si, par exemple, le navire file 9 nœuds et demi ou $9^n,5$, et que l'on demande le chemin qu'il a fait de $7^h 37^m$ du matin à midi, c'est-à-dire, en $4^h 23^m$, on multipliera

| | |
|---|---|
| Pour 1 heure . | 9, 5 |
| Pour 4 heures , | 38, 0 |
| Pour $20^m$ , tiers de 1 heure , | 3, 2 |
| Pour $2^m$ , le dixième de $20^m$ , | 0, 3 |
| Pour $1^m$ , moitié de $2^m$ , | 0, 1 |
| Total , | 41, 6 |

$9^u,5$ par $4^h 23^m$ ou par $4^h 23/60$, ce que l'on fera commodément à l'aide des parties aliquotes, comme on le voit ci-contre; on se bornera aux dixièmes, ce qui est bien suffisant, et l'on trouvera $41^m,6$ pour le chemin parcouru : la valeur rigoureusement exacte serait $41^m 77/120$.

**(28)** *Pour corriger les milles estimés*, quand la durée du sablier et les nœuds de la ligne de loch sont altérés, ou quand du sablier ou du loch l'un d'eux seulement est altéré, il faut multiplier le nombre de milles estimés par le double de la longueur du nœud exprimée en pieds, et diviser le produit par le triple de la durée du sablier exprimée en secondes. Ainsi, 47 milles estimés au nœud de 43 pieds et au sablier de $32^s$ font $47^m \times 2$ fois 43, divisé par 3 fois 32, ou $42^m,1$ ; de même, 47 milles estimés avec un nœud de 43 pieds et un sablier non altéré font, en réalité, $47^m \times 2$ fois 43, divisé par 3 fois 30, ou $44^m,9$ ; enfin, 47 milles estimés avec une ligne de loch bien divisée et un sablier de $32^s$, ne font réellement que $47^m \times 2$ fois 45, divisé par 3 fois 32, ou $44^m,1$. (Voyez le détail des calculs dans le petit tableau ci-contre.)

**(29)** TABLEAU qui sert à convertir en degrés les angles que chacun des trente-deux points de la rose des vents fait avec le méridien.

| NOMBRES d'aires DE VENT. | VALEURS en DEGRÉS. | NOMS CORRESPONDANTS des POINTS DE LA ROSE DES VENTS. | | | |
|---|---|---|---|---|---|
| | | **NORD** | **NORD** | **SUD** | **SUD** |
| 0 | 0° 0' | | | | |
| 1 | 11 15 | N 1/4 NE | N 1/4 NO | S 1/4 SE | S 1/4 SO |
| 2 | 22 30 | NNE | NNO | SSE | SSO |
| 3 | 33 45 | NE 1/4 N | NO 1/4 N | SE 1/4 S | SO 1/4 S |
| 4 | 45 0 | NE | NO | SE | SO |
| 5 | 56 15 | NE 1/4 E | NO 1/4 O | SE 1/4 E | SO 1/4 O |
| 6 | 67 30 | ENE | ONO | ESE | OSO |
| 7 | 78 45 | E 1/4 NE | O 1/4 NO | E 1/4 SE | O 1/4 SO |
| 8 | 90 0 | **EST** | **OUEST** | **EST** | **OUEST** |

*Pour réduire un rumb de vent quelconque en degrés*, s'il est exactement un des trente-deux points de la rose, le tableau ci-contre en donnera immédiatement la réduction ; s'il porte de quelques degrés à droite ou à gauche de l'un de ces points, on en tiendra compte en combinant ces degrés avec la valeur du point de la rose, par voie d'addition, s'ils augmentent l'angle du rumb, et par voie de soustraction, s'ils le diminuent.

*Exemple.* Réduire en degrés l'ONO 4° 30' N. On voit d'abord, à l'aide du tableau, que l'ONO fait le N 67° 30' O ; les 4° 30' N étant à droite de l'ONO qui est, lui, à gauche du N, se retranchent, et l'on a le N 63° 0' O.

$2^e$ *Exemple.* Réduire en degrés le S 1/4 SE 2° 15' E. On voit d'abord, à l'aide du tableau, que le S 1/4 SE fait le S 11° 15' E ; les 2° 15' étant à gauche du S 1/4 SE qui, lui-même, est à gauche du S, s'ajoutent, et l'on a le S 13° 30' E.

(30) *Pour corriger une route, lue au compas, de la dérive et de la variation*, on réduit d'abord le rumb en degrés (29) qui portent à tribord ou à bâbord du N ou du S; on écrit au-dessous la variation qui est NE ou NO, c'est-à-dire, tribord ou bâbord, puis la dérive, qui est aussi tribord ou bâbord; on fait la réduction de ces trois quantités (10), et l'on a le *rumb corrigé* qu'on nomme aussi *rumb vrai*, ou *rumb valu*, ou *route vraie*.

|  |  |  |  |
|---|---|---|---|
| S | 24° 30' | bâb. |  |
|  | 22 30 | trib. |  |
|  | 17 0 | trib. |  |
| (10) S | 15 0 | trib. |  |
| ou S | 15 0 | Ouest. |  |

1er *Exemple.* On a couru le cap au SSE2°E du compas, dérive 17° tribord, variation 22° 30' NE : quel est le rumb valu ?

Le petit calcul que l'on voit ci-contre montre que le rumb valu est le S 15° 0' O.

|  |  |  |
|---|---|---|
| S | 81° 45' | bâb. |
|  | 25 10 | bâb. |
|  | 6 0 | trib. |
| (10) S | 100 55 | bâb. |
|  | 180 |  |
| N | 79 5 | trib. |
| ou N | 79 5 | Est. |

2e *Exemple.* Si le résultat passait 90°, on le retrancherait de 180° et l'on compterait du point opposé. Supposons que le cap ait été à l'E 1/4 SE 3° E du compas, la dérive 6° tribord, la variation 25° 10' NO : on veut avoir le rumb valu.

Le calcul ci-contre montre que ce rumb valu est le S 100° 55' par l'E, ou le N 79° 5' E.

(31) *Pour faire valoir une route au compas*, c'est-à-dire, pour trouver à quelle aire de vent du compas on doit gouverner pour suivre un rumb vrai donné, on écrit sous le rumb vrai la dérive et la variation dont on change les dénominations, puis on fait la réduction comme au N° 30.

| N 79° 5' E ou tribord. |  |  |
|---|---|---|
| Variation, | 25 10, | portez à tribord. |
| Dérive, | 6 0, | portez à bâbord. |
| (10) | N 98 15 | tribord. |
|  | 180 |  |
| ou | S 81 45 | bâbord. |
| ou | S 81 45 | E. |
| ou | E 1/4 SE 3° E. |  |

*Exemple.* On veut faire le vrai N 79° 5' E, la variation du compas est de 25° 10' NO, on prévoit que la dérive sera 6° tribord; à quel rumb du compas faut-il gouverner ?

*Rép.* A l'E 1/4 SE 3° E, d'après le calcul ci-contre.

(32) Il est bon de s'habituer à prendre le complément arithmétique d'un logarithme en retranchant à vue tous ses chiffres de 9, hors le dernier significatif à droite que l'on retranche de 10. Par exemple, 7.777777 a pour complément 2.222223; de même, 4.517407 a pour complément 5.482593, et 8.509100 a pour complément 1.490900.

(33) On prend rapidement le complément géométrique d'un arc ou d'un angle plus petit que 90°, en retranchant à vue ses degrés de 89, ses minutes de 59 et ses secondes de 60. Par exemple, pour prendre le complément de 57° 35' 47", on dira : de 57° à 89°, il y a 32°; de 35' à 59', 24'; de 47" à 60", 13"; résultat, 32° 24' 13". Il faut s'habituer à cette manière abrégée d'opérer.

(34) Pour trouver le logarithme d'une ligne trigonométrique, quand l'arc est plus grand que 90°, on ôte à vue 90° de cet arc, puis, pour le reste, on cherche

Un log. sinus, si, pour l'arc donné, il fallait un logarithme cosinus;
Un log. cosinus, si. . . . . . . . . . . . . . . . sinus;
Une log. tangente, si. . . . . . . . . . . . . . . cotangente;
Une log. cotangente, si. . . . . . . . . . . . . . . tangente.

Ainsi, pour avoir le log. sinus de 100° 19' 24", on prendra le log. cosinus de 10° 19' 24"; et pour avoir la cotangente de 123° 25' 47", on prendra la tangente de 33° 25' 47".

(35) Pour trouver un arc que l'on sait devoir être $> 90°$, lorsque l'on connaît le logarithme de l'une des lignes trigonométriques de cet arc :

Si cette ligne est un sinus, on la cherche dans la colonne des ............ cosinus ;

Si . . . . . un cosinus. . . . . . . . . . . . . . . . . . . . sinus ;

Si. . . . . une tangente. . . . . . . . . . . . . . . . cotangente ;

Si . . . . . une cotangente. . . . . . . . . . . . . . . tangente ;

Puis, à l'arc trouvé de cette manière, on ajoute à vue $90°$.

Ainsi, pour trouver l'arc $> 90°$ qui a 9.769913 pour log. sinus, je cherche ce logarithme dans la colonne des cosinus, et je trouve qu'il répond à 53° 56' ; y ajoutant 90° à vue, j'ai 143° 56' pour l'arc cherché. De même, si l'on me donne 9.953421 pour log. cotangente d'un angle obtus qu'il faut trouver, je cherche ce logarithme dans la colonne des tangentes, et je trouve qu'il répond à 41° 56' ; l'angle cherché est donc 90°+41° 56', ou 131° 56'.

(36) Tous les éléments variables avec le temps, tirés des Ephémérides, doivent être réduits au temps moyen de Paris ; ils y sont donnés pour des époques de T. M. à l'exception de l'équation du temps, qui est donnée pour chaque jour à *midi vrai*. Il faut donc préalablement réduire l'heure du lieu à l'heure correspondante de Paris T. M. , à l'aide de la longitude (17) et de l'équation du temps (19) ; cette réduction se fait en minutes entières quand le T. M. de Paris ne doit servir qu'à y réduire les éléments extraits des Ephémérides, car le mouvement de l'un quelconque de ces éléments est toujours très-petit en une minute de temps.

Pour apprendre à réduire les éléments des calculs au T. M. de Paris, on étudiera les exemples donnés aux pages 5, 6 et 7.

(37) Théoriquement parlant, il y a six problèmes généraux de navigation ; en voici les énoncés :

*Premier problème.* Connaissant le point de départ, c'est-à-dire, sa latitude et sa longitude, la route suivie et le chemin fait, on demande le point d'arrivée.

*Second problème.* Connaissant le point de départ et celui d'arrivée, on demande la route à suivre au compas et la longueur du chemin à parcourir.

*Troisième problème.* Connaissant le point de départ, la latitude d'arrivée et la route suivie, on demande le chemin et la longitude d'arrivée.

*Quatrième problème.* Connaissant le point de départ, la latitude d'arrivée et la longueur du chemin, sachant d'ailleurs si on s'est avancé vers l'E ou vers l'O, on demande la route suivie et la longitude d'arrivée.

*Cinquième problème.* Connaissant le point de départ, la route suivie et la longitude d'arrivée, on demande le chemin et la latitude d'arrivée.

*Sixième problème.* Connaissant le point de départ, la longitude d'arrivée et le chemin, sachant d'ailleurs si on s'est avancé vers le Nord ou vers le Sud, on demande la route suivie et la latitude d'arrivée.

De ces six problèmes, les deux derniers ne méritent pas qu'on s'en occupe, puisqu'ils n'offrent aucune application utile ; et des quatre autres, le troisième et le quatrième s'emploient très-rarement, tandis que le premier et le second sont d'un fréquent usage : l'un sert quand la route est faite, l'autre quand la route est à faire.

(38) La méthode de résolution des problèmes de route par le quartier de réduction est préférable à toute autre, même à celles par les *tables de point* ; mais pour que cette préférence ne soit pas contestée, il faut :

1° Que l'instrument soit exact sous le rapport de son tracé ;

2° Qu'il soit collé, sans extension ni contraction, sur un carton fort et lisse ;

3° Que le trou par lequel on fait passer le fil ou, mieux, le crin noir qu'on y adapte, soit très-petit et placé bien au centre ;

4° Qu'il soit muni, non pas d'une seule aiguille à tête, mais bien de trois ou quatre de ces aiguilles que l'on pique aux divers points qu'il est nécessaire de marquer successivement pour résoudre le problème. De cette manière, les chances d'erreur sont considérablement diminuées, parce qu'on peut vérifier à chaque instant si les nouvelles positions s'accordent bien avec les anciennes : on travaille mieux et plus vite.

Il ne faut pas perdre de vue que si un intervalle du quartier, compris entre deux parallèles ou deux arcs voisins, a été pris pour représenter 1, 2, 3.... milles ou minutes, tout autre intervalle compris entre deux parallèles ou deux arcs consécutifs devra aussi compter pour 1, 2, 3.... milles ou minutes, afin de conserver toujours le même rapport entre les longueurs qui représentent les milles du chemin, les milles NS, les milles EO et les milles du changement en longitude.

Il faut toujours réduire les rumbs en degrés (29) et les secondes, s'il y en a, en dixièmes de minutes (4), quand on fait usage soit du quartier, soit des tables de point.

(39) Pour obtenir le changement en latitude ou chemin NS, on tend le fil sur le rumb vrai ; on compte sur ce fil, à partir du centre, le nombre des milles de la route, et on pique une aiguille au point où il se termine. On compte alors les intervalles du quartier compris entre son côté EO et l'aiguille ; on a les milles du chemin NS ou du changement en latitude, que l'on réduit en arc (23).

Ce changement en latitude est N ou S, selon que le rumb valu dépend lui-même du N ou du S.

(40) Pour obtenir la latitude d'arrivée, si le changement en latitude et la latitude de départ sont de même dénomination, on en fait une somme ; s'ils sont de différente dénomination, on en fait une différence ; on donne au résultat la dénomination de la plus forte des deux quantités.

(41) On obtient la latitude moyenne en faisant une demi-somme des deux latitudes, si elles sont de même dénomination, et une demi-différence, si elles sont de différente dénomination.

Quand les deux latitudes portent la même dénomination, ce qui est le cas le plus ordinaire, on obtient la latitude moyenne d'une manière suffisamment exacte, en prenant à vue et en minutes entières la moitié du changement en latitude que l'on ajoute à la plus petite des deux latitudes, ou que l'on retranche de la plus grande.

(42) Pour obtenir le changement en longitude, on tend le fil sur la latitude moyenne ; puis, à partir du pied de l'aiguille déjà piquée sur le plan du quartier, on en élève ou abaisse une autre parallèlement au côté NS, jusqu'à son point de rencontre avec la nouvelle direction du fil, point où on la pique ; alors les intervalles compris entre le centre et cette dernière aiguille déterminent le nombre des milles ou des minutes du changement en longitude.

(43) Le changement en longitude est E ou O, selon que le rumb valu dépend lui-même de l'E ou de l'O.

(44) Pour avoir la longitude d'arrivée, si le changement en longitude et la longitude de départ sont de même dénomination, on les ajoute ; si, au contraire, ils sont de différente dénomination, on en fait une différence ; on donne au résultat la dénomination de la plus forte des deux quantités.

Quand ces deux quantités sont de même dénomination, si leur somme surpasse 180°, on la retranche de 360°, et l'on donne au reste la dénomination contraire.

(45) Pour trouver le chemin EO et le chemin NS ou changement en latitude, on entre dans les tables de point avec le rumb valu pris au titre supérieur ou inférieur, selon qu'il est plus petit ou

8

plus grand que 45°, et les milles pris sur le côté ; on extrait des colonnes EO et NS les nombres qui cadrent avec ces deux arguments.

(46) Le chemin EO dépend de l'E ou de l'O , selon que le rumb valu dépend lui-même de l'E ou de l'O ; et le changement en latitude porte au N ou au S , selon que le rumb dépend du N ou du S.

(47) Pour obtenir le changement en longitude , on entre dans les tables de point avec la latitude moyenne prise comme si c'était un angle de route , et les milles EO considérés momentanément comme s'ils étaient des milles NS ; alors le nombre qui leur correspond sur la même ligne dans la colonne à gauche , intitulée *milles* , est le nombre des minutes du changement en longitude.

Le changement en longitude est E ou O, selon que le rumb valu dépend lui-même de l'E ou de l'O.

(48) Pour avoir le changement en latitude ou les milles NS , on fait une somme des latitudes de départ et d'arrivée , si elles sont de différente dénomination ; et une différence , si elles sont de même dénomination , ce qui arrive le plus fréquemment.

Le changement en latitude est N , si la latitude d'arrivée est plus N ou moins S que celle de départ ; il est S , si la latitude d'arrivée est moins N ou plus S que celle de départ.

(49) Pour obtenir les milles du chemin , on compte les milles du changement en latitude sur le côté NS du quartier ; au point où il se termine , on pique une aiguille , puis , de son pied , on en conduit une autre parallèlement au côté EO , jusqu'à la rencontre du fil que l'on a tendu sur le rumb valu ; on la fixe en ce point : alors les intervalles comptés le long du fil , à partir du centre jusqu'à la seconde aiguille , seront les milles du chemin.

(50) Pour obtenir les milles EO et les milles du chemin, on ouvre les tables à la page où se trouve le nombre des degrés de l'angle de route corrigé ou rumb valu ; puis , dans l'une des colonnes NS soumises à cet angle , en prenant le titre supérieur ou inférieur , selon que l'angle est lui-même écrit au haut ou au bas de la page , on cherche le nombre qui s'approche le mieux de celui des minutes du changement en latitude ; quand on y est parvenu , on trouve à côté le chemin EO, et sur la même ligne , à gauche , les milles courus.

(51) Pour obtenir le rumb vrai , on compte le nombre des minutes du changement en latitude sur le côté NS du quartier , et au point où il se termine , on pique une aiguille ; on compte pareillement les milles du chemin sur les arcs concentriques , et l'on fait courir une seconde aiguille le long de celui de ces arcs qui termine la longueur de la route , jusqu'à ce qu'elle soit sur la parallèle au côté EO qui passe par le pied de la première ; là , on la fixe , et tendant le fil à son pied , l'angle qu'il fait avec la ligne NS est le rumb vrai.

(52) L'énoncé de la question fait connaître entre quels points cardinaux de l'horizon on a couru ; ainsi , on connaît la dénomination du rumb de vent , du chemin EO , du chemin NS et du changement en longitude.

*N. B.* Le changement en longitude et le chemin EO ont toujours la même dénomination.

(53) Pour obtenir le rumb vrai et le chemin EO par les tables de point , on prend , dans la colonne de gauche , les milles du chemin ; puis , parcourant les diverses pages et toujours horizontalement en face des milles , on cherche dans une des colonnes NS , titre inférieur ou supérieur , le nombre qui s'approche le mieux de celui des minutes du changement en latitude ; quand on l'a trouvé , on voit à côté , dans la colonne EO , les milles à l'E ou à l'O ; puis en haut ou en bas de la page , selon que le titre NS s'est trouvé lui-même en haut ou en bas , on lit les degrés du rumb vrai.

(54) Le changement en longitude est la somme des longitudes de départ et d'arrivée, quand elles sont de différente dénomination, et leur différence quand elles sont de même dénomination, ce qui arrive le plus souvent.

Ce changement est E, si la longitude d'arrivée est plus E ou moins O que celle de départ; il est O, si la longitude d'arrivée est plus O ou moins E que l'autre.

(55) Pour trouver le rumb et les milles directs par le quartier, on tend le fil sur la latitude moyenne; le long de ce fil, et à partir du centre du quartier, on compte les milles du changement en longitude; au point où le nombre s'en termine, on pique une aiguille; on compte les milles du changement en latitude sur le côté NS du quartier, et où ils se terminent on pique une seconde ai·guille; enfin, on pique une troisième aiguille au point où une parallèle NS, menée par le pied de la première, rencontre la parallèle EO menée par le pied de la seconde. Comptant les intervalles compris entre le centre et ce point, on a les milles du chemin direct, et le fil tendu sur ce point fait avec le côté vertical un angle qui est le rumb direct, rumb dont le nom dépend de celui du changement en latitude et de celui du changement en longitude.

(56) Pour trouver les milles EO par les tables de point, on entre dans ces tables avec la latitude moyenne considérée comme un angle de route, et les milles du changement en longitude comme milles de cette route; on cherche, dans l'une des colonnes NS, le nombre qui répond à ces deux arguments; quand on l'a trouvé, on a le chemin EO.

(57) Pour trouver ensuite les milles et le rumb, on cherche (et c'est ici un tâtonnement assez long) l'endroit des tables où se trouvent dans les colonnes NS et EO, et à côté l'un de l'autre, en ligne horizontale, les nombres qui s'approchent le mieux des milles NS et EO que l'on connaît; quand on les a trouvés, on voit à gauche, dans la colonne *milles*, les milles directs; puis, au haut ou au bas de ces colonnes (selon que les titres NS et EO auront été supérieurs ou inférieurs), on lit l'angle du rumb de vent dont le nom dépend de celui du changement en latitude et de celui du changement en longitude.

(58) On corrige chaque route de la dérive et de la variation, si elle en est affectée (30); on évalue en milles la longueur du chemin fait dans la direction de chacune (27), ensuite:

1º *Par le quartier.* Pour chaque route, on tend le fil sur le rumb valu, on compte sur ce fil la longueur du chemin, on pique une aiguille à son extrémité; la distance de l'aiguille au côté EO du quartier donne les milles qui sont N ou S, selon que le rumb dépend lui-même du N ou du S, et la distance de l'aiguille au côté vertical donne des milles qui sont E ou O, selon que le rumb dépend lui-même de l'E ou de l'O; on écrit ces milles dans les colonnes qui leur sont destinées et sur la même ligne que la route qui les a donnés.

2º *Par les tables de point.* On ouvre les tables successivement pour chaque route à la page où se trouve inscrit, soit en haut, soit en bas, le nombre des degrés de l'angle de route; ou cherche les milles courus dans la colonne *milles*, et on prend les nombres des colonnes NS et EO qui se trouvent à côté et à droite des milles; on pose ces nombres dans les cases qu'on a préparées à cet effet, et sur la même ligne que la route qui les a donnés.

Il faut bien observer que si l'angle de route est < 45°, il se trouve au haut de la page, et qu'alors il faut prendre les titres supérieurs pour les colonnes NS et EO; et que si l'angle est > 45°, comme alors il se trouve au bas de la page, il faut aussi prendre les titres inférieurs pour les colonnes NS et EO.

(59) Pour obtenir le changement en longitude, qui est toujours de même dénomination que le chemin EO:

1° *Par le quartier.* On compte le chemin définitif à l'E ou à l'O sur le côté horizontal ou EO, à partir du centre ; où il se termine , on pique une aiguille ; à partir de son pied , on en élève une autre parallèlement au côté vertical ou NS , jusqu'à ce qu'elle rencontre le fil qu'on aura tendu sur la latitude moyenne ; alors on la fixera , et sa distance au centre du quartier donnera les milles cherchés du changement en longitude.

2° *Par les tables.* Voyez le renvoi (47).

(60) Pour avoir les milles et le rumb direct ,

1° *Par le quartier.* Sur le côté vertical , on compte le chemin définitif N ou S ; sur le côté horizontal , on compte le chemin définitif E ou O ; on pique une aiguille à l'extrémité de chacun , puis on les fait cadrer , et l'on pique une troisième aiguille au point de cadrement ; sa distance au centre donne les milles directs , et le fil tendu à son pied détermine avec le côté NS un angle qui est celui du rumb direct , dont la dénomination dépend de celles des chemins définitifs NS et EO.

2° *Par les tables.* Voyez le renvoi (57).

(61) Pour trouver cette distance par le quartier de réduction , on tend le fil sur le premier angle compris (ou son supplément , s'il est obtus) considéré comme rumb de vent ; on compte sur ce fil , à partir du centre , le nombre des milles de la route , et l'on pique une aiguille au point où il se termine ; l'aiguille étant convenablement placée , on tend le fil sur le troisième angle (ou sur son supplément) considéré aussi comme rumb de vent , puis on monte ou descend parallèlement au côté NS , à partir de l'aiguille , jusqu'à la rencontre du fil ; là , on fixe une seconde aiguille dont la distance au centre du quartier , comptée sur les arcs concentriques , est la distance demandée du navire au point relevé , après la bordée courue.

(62) On traite le courant comme une route ordinaire , en calculant la longueur du chemin qu'il a fait faire au navire d'après sa vitesse connue, et le temps pendant lequel on a navigué dans ce courant dont on connaît la direction (27).

(63) Le calcul du passage de la lune au méridien doit être fait en minutes entières ; le faire en secondes serait chose superflue , et l'exactitude du résultat , plus grande en apparence , ne serait qu'illusoire. (Voyez la note qui termine l'ouvrage.)

(64) On prend dans les Ephémérides maritimes l'heure du passage de la lune au méridien de Paris pour le jour proposé , compté astronomiquement et pour la veille si la longitude est E , pour le jour proposé et le lendemain si la longitude est O ; la différence de ces deux passages est le retard diurne des passages , c'est-à-dire , le retard pour 360° ou 24ʰ de longitude.

(65) La partie du retard diurne qui est proportionnelle à la longitude s'ajoute au passage de la lune à Paris le jour proposé , si la longitude est O ; elle se retranche du passage de ce même jour si la longitude est E , et l'on a le T. M. du passage de la lune au méridien du lieu. La table X des Ephémérides maritimes donne cette partie proportionnelle toute faite.

(66) Un calcul de marée se fait toujours en minutes entières (63).

On explique , aux dernières pages des Ephémérides maritimes , comment , à l'aide de la table XI , du retard et des centièmes de marée que l'on trouve à la première page de chaque mois , on peut déterminer d'une manière simple et rapide l'heure et la hauteur de la marée aux principaux points du littoral de la France.

(67) Quand on a obtenu le T. M. du passage de la lune au méridien du lieu , on examine , avant d'aller plus loin , si ce T. M. , ajouté à vue à l'établissement du port , donne une époque qui tombe dans la demi-journée (matin ou soir) pour laquelle on veut la pleine mer :

1° Si cela a lieu , on passe de suite à l'équation du temps , et on continue le calcul comme au type du premier exemple ;

2° Si la somme du passage et de l'établissement donne une époque trop avancée , comme dans le second exemple , on retranche du T. M. du passage un demi-jour lunaire , qui se compose de 12 heures plus la moitié du retard diurne des passages ;

3° Enfin , si la somme du passage et de l'établissement ne donne pas une époque assez avancée, on ajoute au T. M. du passage un demi-jour lunaire , ou 12 heures plus la moitié du retard diurne.

Dans le second cas , on obtient le T. M. du passage inférieur précédent de la lune au méridien ; dans le troisième , on obtient le T. M. du passage inférieur suivant.

(68) On prend la parallaxe équatoriale de la lune pour le midi ou le minuit de Paris qui répond le mieux à l'instant du passage de la lune au lieu.

Il serait théoriquement plus exact de réduire la parallaxe au T. M. de Paris qui correspond à l'instant du passage de la lune au lieu (17) , mais une pareille précision n'est pas nécessaire (Voyez la note finale).

(69) Le T. M. ou le T. V. du lieu s'écrivent toujours en temps astronomique (15) ; on les réduit au T. M. de Paris. Il est bien entendu que dans toutes les questions où l'heure du lieu n'est connue que d'une manière approchée , il n'y a pas à mettre de secondes dans cette partie du calcul. (Voyez le renvoi 36.)

(70) Le T. V. du lieu est l'angle horaire lui-même , s'il s'agit du coucher du soleil ; mais , s'il s'agit de son lever , il faut retrancher l'angle horaire de 24 heures ou de 12 heures , selon que l'on veut avoir le temps astronomique ou le T. civil.

(71) On fait à la distance de l'horizon au zénith , qui est de 90° , toutes les corrections que l'on fait habituellement à une hauteur observée , dans le même ordre , mais avec des signes contraires ; ainsi la dépression et la réfraction horizontale moins la parallaxe du soleil se mettent en + ; le demi-diamètre du ⊙ se met en + pour ◯ , et en — pour ⊙.

(72) Quand il y a dépression , et il y en a toujours quand on observe à la mer , la réfraction pour le lever ou le coucher apparent de l'astre est sous-horizontale , et pour cette raison un peu plus forte que la réfraction horizontale ; mais dans les ouvrages de navigation , on ne tient pas compte de cette augmentation , qui vaut environ un cinquième de la dépression. Nous nous conformerons à l'usage et prendrons constamment 33' 37'' pour valeur de réfraction moins la parallaxe du soleil , quand cet astre est à l'horizon apparent , quelle que soit d'ailleurs la hauteur de l'œil. (Voyez la note qui termine cet ouvrage.)

(73) Pour avoir la distance AP de l'astre au pôle élevé , si la déclinaison est de dénomination contraire à la latitude , on ajoute 90° à la déclinaison ; et si elle est de même dénomination que la latitude , on la retranche de 90° (33).

(74) Pour avoir la distance PZ du pôle élevé au zénith , on retranche la latitude de 90° (33).

(75) Pour obtenir le premier et le second reste , on retranche alternativement de la demi-somme des trois distances , la seconde et la troisième d'entre elles.

(76) Il faudrait multiplier le demi-angle horaire par 2 , pour avoir l'angle horaire entier , et celui-ci par 4 , pour le réduire en temps (13) ; on abrège en multipliant tout d'un coup le demi-angle horaire par 2 fois 4 , ou 8. Dans cette opération , on réduit tout de suite à vue les tierces en dixièmes de secondes , en les divisant par 6.

(77) Le T. V. du lieu est l'angle horaire lui-même pour le soir ; mais le matin , il faut retrancher

à vue l'angle horaire de 12ʰ; si on veut le temps civil du lieu, ou de 24ʰ, si on veut le temps astronomique compté de la veille.

(78) Dans les énoncés des divers calculs, nous écrivons, pour abréger, l'erreur instrumentale
entre parenthèses, à la suite de l'angle observé; ainsi 49° 10' 15" (—2' 30") indique qu'il y a 2' 30"
d'erreur instrumentale à soustraire de 49° 10' 15", et 11° 45' 13" (+4' 00") indique qu'il y a 4' 00"
d'erreur instrumentale à ajouter à 11° 45' 13".

*N. B.* Il serait à désirer que l'on appelât *correction instrumentale* ce qu'on est dans l'usage
d'appeler *erreur instrumentale*, car on donne ici au mot erreur la même acception qu'au mot
correction, qui, dans l'interprétation naturelle, lui est contraire. Qu'un instrument accuse, par
exemple, 36° pour un angle qui, dans la réalité, ne devrait être que de 35°, l'erreur de cet instrument ne sera-t-elle pas de 1° en plus, et la correction à faire aux 36° observés, de 1° en moins?
Cependant, l'usage veut que l'on dise que, dans ce cas, l'erreur instrumentale est —1°, tandis que
c'est la correction instrumentale qui a cette valeur.

(79) Toujours la dépression est en —; elle dépend de la hauteur de l'œil. On la trouve dans les
Éphémérides maritimes, à la table I.

(80) Toujours la réfraction moins la parallaxe du soleil se met en —; on la prend pour la hauteur corrigée à vue et en minutes entières de l'erreur instrumentale et de la dépression. Elle se
trouve dans les Éphémérides maritimes, table II.

(81) Le demi-diamètre est en + si l'on a observé le bord inférieur de l'astre; il se met en —,
si l'on a observé son bord supérieur. On le trouve dans les Éphémérides maritimes.

(82) Pour avoir la distance AZ de l'astre au zénith, on retranche à vue sa hauteur vraie de
90 degrés (33).

(83) L'état du chronomètre a le signe +, s'il avance sur le temps du lieu; on lui donne le signe
—, si le chronomètre est en retard.

(84) Le premier intervalle est la différence des heures marquées par le compteur, lors des comparaisons.

Le second intervalle est la différence des heures marquées par le chronomètre, lors des comparaisons.

Le troisième intervalle est la différence des heures marquées par le compteur, à la première
comparaison et à l'époque intermédiaire.

(85) Le quatrième intervalle ou quatrième terme de la proportion étant trouvé (238), on l'ajoute
à l'heure du chronomètre avant l'observation, pour avoir l'heure de ce chronomètre réduite à l'instant même de l'époque intermédiaire donnée; ce quatrième intervalle est égal au troisième, quand
le second est égal au premier.

(86) Le T. M. du lieu peut s'obtenir en combinant le T. M. de Paris avec la longitude exacte du
lieu (18), ou le T. V. du lieu avec l'équation du temps (19).

(87) Si l'on prend isolément l'état d'une montre sur le T. M. d'un lieu, on peut toujours le prendre moindre que 6 heures, soit en +, soit en —, puisqu'il n'y a que 12 heures sur un cadran de
montre; mais si l'on a à comparer cet état à celui qu'a la montre sur le T. M. d'un autre lieu, il
faut prendre les deux états de telle manière que leur *différence algébrique* soit égale à celle des
méridiens des deux lieux.

(88) On doit entendre ici, par hauteur du soleil et par heure à la montre, la hauteur moyenne
entre plusieurs hauteurs observées consécutivement et la moyenne des heures qui leur corres-
pondent (130).

(89) On écrit ici les deux époques en T. M. astronomique , en y négligeant les secondes ; leur différence donne l'intervalle compris entre les deux époques d'une manière suffisamment exacte.

(90) La variation de l'état du chronomètre dans l'intervalle de temps compris entre les deux époques s'obtient en retranchant algébriquement le premier état du second (11).

(91) La marche du chronomètre , qui est le quotient du changement survenu dans son état, par l'intervalle des époques , mesurée en jours et fraction de jour, a le même signe que ce changement

(92) L'astre ne peut être observé dans le premier vertical qu'autant que sa déclinaison est plus petite que la latitude du lieu et de même dénomination qu'elle.

(93) Pour parvenir à la hauteur bonne à observer pour le bord du ☉ , on fait à la hauteur vraie du ☉ toutes les corrections en ordre et en signes contraires à celles qu'on devrait faire à une hauteur observée du bord, pour obtenir la hauteur vraie du centre ; ainsi , on met le demi-diamètre en ＋ pour ☉ et en — pour ☉ , la réfraction moins la parallaxe du ☉ en ＋ , la dépression de l'horizon en ＋ ; s'il y a une erreur instrumentale indiquée dans l'énoncé de la question , il faut aussi d'employer en signe contraire.

(94) La réfraction moins la parallaxe du ☉ se prend d'abord à vue et en minutes entières pour la hauteur vraie corrigée du demi-diamètre et considérée momentanément comme hauteur apparente ; on l'ajoute, toujours à vue, à la hauteur ainsi corrigée , et l'on a une hauteur apparente approchée ☉ ; c'est pour cette dernière que l'on prend plus exactement la réfraction moins parallaxe , que l'on écrit avec le signe ＋ sous le demi-diamètre. Au reste , une pareille précision n'est pas bien nécessaire. (Voyez la note finale.)

(95) Cet angle est toujours aigu.

(96) La distance à midi vrai ou angle horaire du ☉ en temps est le T. V. astronomique du lieu , si ce T. V. est moindre que 12 heures ; et c'est sa différence à 24 heures, s'il surpasse 12 heures.

(97) On prend le premier segment de même espèce que l'angle horaire (35).

(98) On prend d'abord à vue et en minutes entières la réfraction moins la parallaxe du ☉ pour la hauteur vraie considérée momentanément comme hauteur apparente ; on l'ajoute , toujours à vue, à la hauteur vraie, ce qui donne une hauteur apparente approchée ; et c'est pour cette dernière que l'on prend exactement la réfraction moins parallaxe à laquelle on donne le signe ＋.

(99) L'Æ moyenne du ☉ ou *temps sidéral* à midi moyen se trouve dans les Ephémérides mar. , à la 1re page de chaque mois ; on la réduit facilement au temps moyen de Paris, à l'aide de la table IX. Son augmentation est constamment de 3m 56s,6 par jour , ce qui fait 9s,86 par heure.

(100) L'Æ du méridien ou *heure sidérale* s'obtient en ajoutant au T. M. du lieu l'Æ moyenne du ☉ ; on diminue la somme de 24 heures, si elle surpasse ce nombre.

(101) L'angle horaire d'un astre s'obtient en faisant une différence entre l'Æ du méridien et celle de l'astre ; si cette différence surpasse 180° ou 12h, on la retranche à vue de 360° ou 24h.

(102) Avec la parallaxe horizontale réduite de la lune (36, 119) et sa hauteur vraie considérée momentanément comme hauteur apparente , on cherche une première fois , et sans s'arrêter aux parties proportionnelles , la parallaxe en hauteur de la lune moins la réfraction (Ephémér. marit. , table VI) , que l'on retranche à vue de sa hauteur vraie , ce qui donne une hauteur apparente approchée ; et c'est avec cette dernière que l'on cherche de nouveau , mais plus exactement , la parallaxe en hauteur de la lune moins la réfraction , quantité que l'on retranche de la hauteur vraie pour avoir la hauteur apparente définitive (120).

(103) Pour déterminer la dénomination de la variation , on suit cette règle :

Si le *point vrai ou calculé*, lu sur une rose des vents dont on est censé occuper le centre , se trouve à gauche du *point observé* lu sur la même rose , la variation est aussi à gauche ou NO ; et si le point vrai tombe à droite de l'observé , la variation est aussi à droite ou NE.

(104) L'amplitude vraie ou calculée se compte de l'E quand elle est ortive , c'est-à-dire , pour le lever ; elle se compte de l'O quand elle est occase , c'est-à-dire , pour le coucher. Elle porte toujours du côté de la déclinaison.

(105) On réduit l'amplitude observée en degrés , et on la compte du même point que l'amplitude calculée.

(106) Pour obtenir la variation , si les deux amplitudes portent du même côté , on en fait une différence ; dans le cas contraire , on en fait une somme.

(107) L'azimuth vrai ou calculé se compte à partir du N , si la latitude est N , et du S , si la latitude est S ; on tourne par l'E pour le matin et par l'O pour le soir.

(108) L'azimuth observé au compas se réduit en degrés et minutes (29) ; on le compte à partir du même point que l'azimuth calculé.

(109) Pour avoir la variation , si les azimuths vrai et observé portent du même côté , ce qui arrive ordinairement , on en fait une différence ; dans le cas contraire , on en fait une somme.

(110) Pour avoir la variation , on réduit le relèvement en degrés comptés du plus prochain point N ou S (29).

(111) Pour avoir la variation , on réduit le relèvement fait au compas en degrés comptés du point E pour le matin et du point O pour le soir.

(112) Ce calcul, comme tous ceux de variation , peut se faire d'un bout à l'autre en minutes entières et avec cinq décimales seulement aux logarithmes.

(113) La distance apparente AZ s'obtient en retranchant la hauteur apparente $\ominus$ de 90° (33).

(114) La distance apparente de l'objet au zénith s'obtient en retranchant sa hauteur apparente de 90° (33).

(115) On dit que l'azimuth du $\odot$ est *à droite* quand , faisant face au pôle élevé , le soleil est à droite du méridien , et que l'azimuth est *à gauche* , quand le soleil est à gauche du méridien.

On dit que la différence d'azimuth est à droite , quand l'objet est à droite du soleil , et qu'il est à gauche, quand l'objet est à gauche du soleil.

(116) Si l'azimuth du soleil et la différence d'azimuth portent du même côté , on en fait une somme pour avoir l'azimuth vrai de l'objet ; s'ils portent de différent côté , on en fait une différence. Le résultat porte du côté de la plus grande des deux quantités , et est toujours compté du N si la latitude est N , et du S si la latitude est S.

Quand il faut faire une somme et qu'elle surpasse 180°, on la retranche de 360°, et l'azimuth vrai de l'objet est toujours compté du même point , mais en sens contraire.

(117) La distance zénithale AZ est N , si on fait face au S en observant ; elle est S , si l'on fait face au N.

*N. B.* On fait face au N en observant un astre dans le méridien, quand la déclinaison de cet astre est plus N ou moins S que la latitude du lieu ; et l'on fait face au S , quand la déclinaison de l'astre est plus S ou moins N que la latitude du lieu.

(118) Pour obtenir la latitude ,

1° Si la distance vraie AZ et la déclinaison de l'astre sont de même dénomination , on en fait une somme ; on a la latitude, qui est de même dénomination qu'elles.

2° Si la distance AZ et la déclinaison sont de différente dénomination, on en fait une différence ; on a la latitude qui, dans ce cas, est toujours de même dénomination que la plus grande des deux quantités.

(119) Lorsqu'on a réduit la parallaxe équatoriale (Ephém. mar.) au temps moyen de Paris (36), on lui fait une petite diminution suivant la latitude, si cette latitude est à peu près connue, à l'aide de la table V des Ephémérides maritimes.

(120) La parallaxe en hauteur de la lune moins la réfraction se trouve table VI des Ephémérides maritimes. On y entre avec la parallaxe horizontale réduite au T. M. de Paris et à la latitude du lieu (119) prise en tête, et la hauteur apparente de la lune sur le côté ; cette hauteur s'obtient en corrigeant à vue et en minutes entières la hauteur observée des valeurs déjà écrites au-dessous d'elle.

(121) Si l'état est un retard, on le met en + ; si c'est une avance, on le met en —.

(122) On réduit en temps le chemin fait en longitude (13) ; puis, si le lieu de l'observation est à l'E de celui où l'on a réglé la montre, on le met en + ; dans le cas contraire, on le met en —.

(123) La réduction (10) de l'heure du chronomètre, de son état sur le T. V. et du chemin fait en longitude depuis que l'on a reconnu l'état, donne l'heure du lieu de l'observation en T. V. civil, que l'on réduit à vue en temps astronomique ; celui-ci commence toujours par 23ʰ ou par 0ʰ, puisque l'observation est peu éloignée de midi.

(124) Puisque, dans cette partie du calcul, on emploie comme élément la latitude estimée, on peut écrire les logarithmes avec quatre ou cinq décimales seulement.

(125) De la somme des six logarithmes, on supprime à vue trois dizaines.

(126) La correction $x$, que l'on trouve dans la table des nombres à l'aide de son log. sin., se retranche de la distance AZ conclue de la hauteur vraie $\ominus$, pour avoir la distance méridienne AZ.

(127) On met l'état en + si la montre est en avance, et en — si elle est en retard.

(128) Le chemin en longitude, réduit en temps (13), se met en + si, depuis qu'on a reconnu l'état, on s'est avancé vers l'O, et en — si l'on s'est avancé vers l'E.

(129) Ce calcul de l'heure que doit marquer la montre à l'instant de midi vrai se fait avant les observations de hauteur, afin de pouvoir se mettre en mesure de faire les observations de manière que, autant que possible, il y en ait autant après midi qu'avant.

(130) La moyenne de plusieurs quantités s'obtient en en faisant la somme, qu'on divise par leur nombre.

| | | | |
|---|---|---:|---:|
| | 50° | 41' | 20" |
| | 50 | 42 | 20 |
| | 50 | 43 | 0 |
| | 50 | 43 | 20 |
| | 50 | 42 | 40 |
| | 50 | 41 | 50 |
| Somme, | | 14 | 30 |
| Moyenne, | 50 | 42 | 25 |

Quand on a à prendre la moyenne de quantités qui diffèrent peu, ce qui arrive souvent dans une série d'observations, on prend simplement la moyenne des parties dans lesquelles elles diffèrent, et on l'ajoute à la partie commune, ce qui abrège l'opération. Ainsi, dans l'exemple ci-contre, les degrés et les dizaines de minutes étant partout les mêmes, on fait la somme des secondes et des unités de minutes, ce qui donne 14' 30" dont on prend le sixième, puisqu'il y a six observations ; ce sixième est 2' 25" que l'on ajoute à vue à 50° + 4 dizaines de minutes, et l'on a tout de suite 50° 42' 25" pour la moyenne cherchée.

(131) Chaque intervalle ou distance à midi vrai est la différence entre l'heure du chronomètre à l'instant de chaque observation et celle qu'il doit marquer à midi vrai.

(132) Les carrés des intervalles ou multiplicateurs se trouvent dans une table de la Navigation ; elle a pour titre : *Multiplicateurs pour les nombres de la table précédente.*

9

(133) Le changement en hauteur pendant la minute qui précède ou qui suit le passage de l'astre au méridien se trouve dans une table de la Navigation. A défaut de cette table, il faudra déterminer le changement en hauteur, au moyen du petit calcul que l'on voit entre accolades, au bas de la page.

(134) Cette correction $x$ se retranche toujours de la distance vraie AZ conclue de la hauteur vraie $\ominus$, pour avoir la distance méridienne vraie AZ.

(135) Si le chronomètre retarde journellement sur le T. M., c'est-à-dire, si sa marche a le signe —, la partie de cette marche qui est proportionnelle au temps écoulé depuis qu'on a reconnu l'état jusqu'au midi suivant doit être en — ; si, au contraire, la marche a le signe +, la marche proportionnelle doit aussi être en +.

(136) Pour avoir l'intervalle, on retranche la première heure du chronomètre de la seconde, augmentée de 24 heures, s'il est nécessaire (166).

(137) La marche proportionnelle ou partie de la marche qui est proportionnelle à l'intervalle se met en +, si le chronomètre retarde journellement sur le T. V., et en —, si sa marche est une avance.

(138) Le gisement de l'objet ou de l'astre, réduit en degrés (29), se compte du même point N ou S que la route corrigée de la dérive.

Ce gisement est celui du soleil au lieu de l'observation de la petite hauteur, dans le calcul des N$^{os}$ 60 et 61.

(139) Pour avoir l'angle compris entre la route corrigée de dérive et le gisement de l'objet ou de l'astre relevé, on fait une différence de ces deux quantités quand elles portent du même côté, c'est-à-dire, toutes deux vers l'E ou toutes deux vers l'O, et on en fait une somme si elles portent de différent côté.

Dans ce dernier cas, si la somme surpasse 180°, on la retranche de 360°.

(140) On doit donner ici à la correction $x$, que l'on a calculée quelques lignes plus haut, le signe indiqué par l'une des règles suivantes :

1° Quand la petite hauteur a été observée la première,

Si *l'angle compris* entre la route et le gisement du soleil est aigu, la correction $x$ prend le signe + ; s'il est obtus, elle prend le signe —.

2° Quand la petite hauteur a été observée la dernière, c'est l'inverse ;

Si l'angle compris est aigu, la correction prend le signe — ; s'il est obtus, elle prend le signe +.

(141) On prend toujours le premier angle au soleil de même espèce que la distance AP ; il est donné par sa cotangente, et s'il doit être obtus, *voyez* (35).

(142) La petite distance AZ s'obtient en retranchant la grande hauteur vraie du $\odot$ de 90° (33).

(143) La grande distance AZ s'obtient en retranchant la petite hauteur vraie du $\odot$ de 90° (33).

(144) La distance des lieux du soleil s'obtient en doublant la demi-distance trouvée trois lignes plus haut.

(145) Pour obtenir l'angle de position, si la déclinaison du soleil est de même dénomination que la latitude estimée, et, *en outre*, plus grande qu'elle, on fait une somme des deux angles au soleil ; dans tout autre cas, on en fait une différence.

(146) On prend toujours le premier segment de même espèce que l'angle de position ; il est donné par sa tangente, et s'il doit être obtus, *voyez* (35).

(147) Le second segment est la différence entre la distance AP et le premier segment.

(148) Après avoir réduit le demi-diamètre horizontal de la lune au T. M. approché de Paris (36),

on lui fait une augmentation suivant la hauteur de cet astre, et l'on obtient le demi-diamètre en hauteur. Cette augmentation se trouve à la table III des Ephémérides maritimes.

(149) On accourcit les demi-diamètres verticaux de la lune et du soleil à l'aide de la table IV des Ephémérides maritimes.

Cet accourcissement, qui est en général peu de chose, ne doit cependant pas être négligé pour le demi-diamètre du soleil, quand sa hauteur doit servir au calcul de l'heure, et que l'on passe par la hauteur apparente du centre pour parvenir à la hauteur vraie.

(150) La réfraction moins la parallaxe du soleil et la parallaxe en hauteur de la lune moins la réfraction (120) doivent être calculées très-exactement; on les prend dans les tables II et VI des Eph. pour la hauteur apparente de l'astre.

(151) La différence logarithmique pour le $\odot$ se trouve table VII des Ephémérides maritimes.

(152) Si on ne peut pas retrancher la distance apparente de la demi-somme, on fait l'inverse, on retranche la demi-somme de la distance apparente.

(153) Des deux distances données dans les Ephémérides maritimes, et qui comprennent la distance connue, on écrit celle qui répond à l'époque la moins avancée ; c'est la plus grande des deux, si les distances vont en diminuant ; c'est au contraire la plus petite, si les distances vont en augmentant.

(154) Le cosinus de la demi-somme des hauteurs vraies se retranche toujours de la demi-somme des logarithmes qui est écrite au-dessus, pour obtenir le sinus de l'angle auxiliaire A ; cet angle est toujours aigu (177).

(155) Le temps $x$, que l'on vient de calculer par logarithmes (238), s'ajoute à l'époque de l'élément précédent des tables, pour obtenir le T. M. exact de Paris ; cette addition se fait ordinairement à vue, ce qui fait une ligne de moins à écrire.

(156) Pour avoir exactement l'équation du temps, on prend à vue et en minutes entières l'équation du temps pour le T. M. de Paris considéré comme T. V. ; on l'applique en signe contraire au T. M. et l'on a le T. V. approché (20), et c'est pour ce dernier seulement que l'on calcule exactement l'équation du temps pour passer ensuite du T. M. au T. V.

Au reste, l'erreur que l'on commet dans l'équation du temps, en calculant sa partie proportionnelle pour le T. M. considéré comme T. V., ne s'élève jamais à $0^s, 2$.

(157) On fait une différence des T. M. (ou des T. V.) exacts du lieu et de Paris, et on a la différence des méridiens, ou la longitude en temps ; on la réduit en degrés (14).

(158) La longitude est E, si l'on compte plus dans le lieu qu'à Paris ; elle est O, si on compte moins dans le lieu qu'à Paris.

(159) Le premier intervalle est la différence des heures moyennes des hauteurs de l'astre avant et après les distances.

Le second intervalle est la différence entre l'heure moyenne des hauteurs de l'astre avant les distances, et l'heure moyenne des distances.

Le premier changement en hauteur est la différence des hauteurs moyennes de l'astre avant et après les distances.

(160) Le second changement en hauteur, que l'on calcule ordinairement par logarithmes, est le $4^e$ terme de la proportion (238)..... $1^{er}$ intervalle : $2^e$ intervalle :: $1^{er}$ changement : $x$. On l'ajoute à la première hauteur moyenne de l'astre, s'il monte ; on l'en retranche, s'il descend, et on a alors la hauteur du bord observé de l'astre, réduite à l'heure intermédiaire

(161) Quand le soleil est près du méridien, sa hauteur directement observée, puis convertie en hauteur vraie, peut servir, comme à l'ordinaire, dans la réduction de la distance apparente en distance vraie, mais elle n'est pas propre au calcul de l'heure du lieu ; cette heure doit alors être donnée par une montre réglée dans les circonstances favorables.

(162) Les hauteurs de la lune et de l'étoile étant difficilement observables, on les calcule à l'aide de l'heure du lieu que l'on déduit de celle du chronomètre réglé dans les circonstances favorables. (*Voir le Calcul* N° 4o.)

(163) Dans notre exemple, le changement en latitude doit être retranché de la latitude du lieu de l'angle horaire qui est N, parce que le lieu des distances est, d'après l'énoncé, moins N que lui.

Pour chaque cas particulier, on examinera les positions respectives de ces deux lieux, pour donner au changement en latitude le signe qui lui convient.

(164) On pourrait ici se servir de la différence logarithmique pour le soleil, comme on l'a fait dans le Calcul N° 63 ; mais nous avons voulu donner un type de la réduction de la distance, sans employer cette abréviation.

(165) Quand les hauteurs des astres ne peuvent être observées directement, on est obligé de les calculer à l'aide de l'heure du lieu ; aussi voit-on reproduits dans ce type des calculs semblables à ceux du N° 4o.

(166) Il faut compter le jour écoulé à un chronomètre, de o à 24 heures, comme pour le jour astronomique, si l'on ne veut courir les risques de se tromper parfois de 12 heures dans l'évaluation des intervalles conclus de cet instrument.

(167) On multiplie la marche du chronomètre par le nombre de jours et fraction de jour écoulés depuis qu'on l'a réglé jusqu'au moment de l'observation de hauteur ; le produit se met en $+$ si la marche a le signe $-$, il se met en $-$ si la marche a le signe $+$. (*Voir le Calcul* N° 36.)

(168) Le multiple pour un certain nombre de jours vaut la moitié du produit de ce nombre par ce nombre, plus 1 ; pour effectuer commodément ce demi-produit, on multiplie le facteur impair par la moitié du facteur pair. Ainsi, par exemple, pour 23 jours, le multiple sera 23 multiplié par la moitié de 23+1, ou 23×12, ou 276 ; et pour 26 jours, il sera la moitié de 26 multipliée par 26+1, ou 13×27, ou 481.

(169) L'erreur commise sur la longitude un certain jour de la traversée est le quatrième terme de la proportion suivante, qu'on exécute assez ordinairement par logarithmes (238) :

Le grand multiple, ou multiple pour le nombre total des jours de la traversée, est au petit multiple, ou multiple pour le nombre des jours écoulés depuis qu'on a réglé le chronomètre jusqu'à celui de l'observation d'une longitude pendant la traversée à l'aide de cet instrument, comme l'erreur en longitude reconnue au port de relâche est à l'erreur ou correction cherchée.

(170) La correction trouvée est toujours dans le même sens que celle qu'il faudrait appliquer à la longitude du port de relâche, obtenue d'abord par le chronom., pour avoir sa longitude vraie.

(171) Si la marche trouvée pour le chronomètre à la seconde époque est plus positive ou moins négative qu'à la première, le mouvement du chronomètre s'est accéléré ; il faut porter la correction à l'E de la longitude trouvée par le chronomètre avec la marche de la première époque.

Si la seconde marche est plus négative ou moins positive que la première, le mouvement du chronomètre s'est ralenti ; il faut porter la correction à l'Ouest.

(172) Pour avoir la longitude corrigée, si la correction et la longitude par la montre portent du même côté, on en fait une somme qui porte du côté commun ; et si elle surpasse 180°, on la retranche de 360° pour avoir la longitude corrigée qui change alors de dénomination.

Si la correction et la longitude par la montre portent de différent côté, on en fait une différence qui prend la dénomination de la plus forte de ces deux quantités.

(173) On fait la différence des longitudes obtenues pour chaque jour par la montre marine, avec celle obtenue pour le jour intermédiaire ; on donne le signe + à cette différence quand la longitude est moindre que celle du jour intermédiaire, et le signe — dans le cas contraire.

(174) On combine les différences que l'on a trouvées (173) avec les longitudes obtenues par les distances, et l'on a ces dernières réduites au jour intermédiaire ; on en prend la moyenne (130).

(175) On fait une somme des deux marches, si elles sont de signe différent, et on lui donne le signe de la seconde marche.

On fait une différence des deux marches, si elles sont de même signe ; alors on lui donne le signe + si la seconde marche est plus positive ou moins négative que la première, et le signe — dans le cas contraire.

En un mot, on retranche *algébriquement* la 1ʳᵉ marche de la 2ᵉ (11).

(176) Cette méthode, que nous devons à M. Caillet père, est plus courte et aussi exacte que la méthode directe ; comme il n'y entre que des sinus et des cosinus, il y a un grand avantage à se servir de tables qui donnent ces lignes trigonométriques pour tous les arcs de seconde en seconde, parce qu'alors il n'y a jamais de partie proportionnelle à prendre. Telles sont les tables de Querret * et celles de Bagay.

(177) Quand on n'a pas de tables donnant les arcs de seconde en seconde, si l'on veut passer immédiatement de sin. (A) à cos. (A) sans écrire l'arc (A) lui-même, dont, finalement, on n'a pas besoin, on prend la différence entre sin. (A) et le sinus des tables qui en approche le plus *en moins* ; on la multiplie par la différence des cosinus des tables, puis on divise le produit par la différence des sinus des tables. Le résultat est une partie proportionnelle que l'on retranche du cosinus des tables pour obtenir cos. (A).

(178) L'arc E est une somme ou, le plus souvent, une différence des arcs B et D ;

Si l'arc B est plus petit que le complément de la latitude estimée, et si *en même temps* B+D est plus petit que 90°, on fera un double calcul avec E=B+D et E=B—D, pour choisir le résultat qui s'accorde le mieux avec la latitude estimée ; dans tout autre cas, et ce sera le plus fréquent, on prendra E=B—D.

(179) On déterminera d'une manière suffisamment exacte la marche du chronomètre sur le T.V., pour le jour de l'observation, en combinant, par voie d'addition ou de soustraction, la marche de cet instrument sur le T. M., avec le changement ou variation diurne de l'équation du temps que l'on trouve dans les Ephémérides maritimes.

(180) L'instant du lever ou du coucher vrai du centre du soleil est celui où son bord inférieur est, *en apparence*, élevé au-dessus de l'horizon d'environ les deux tiers de son diamètre, ce dont on juge simplement à l'œil.

(181) Si l'on prend la distance de l'objet au bord voisin du soleil, le demi-diamètre de cet astre s'ajoute à la distance observée ; dans le cas contraire, qui est le plus rare, il se retranche de la distance observée.

* Les tables de Querret se trouvent chez Vᵉ Macé, libraire à Saint-Malo. Leur prix est de 12 francs.

(182) On prend l'arc (B) de même espèce que la distance polaire (73).

(183) L'angle horaire se prend $< 90°$, si la latitude et la déclinaison sont de différente dénomination ; et $> 90°$, dans le cas contraire.

(184) Pour évaluer un intervalle de temps il faut que les deux temps dont on fait la différence soient rapportés à un même méridien ; chacun d'eux doit être astronomique. On fait leur intervalle en retranchant toujours le temps de l'époque la moins avancée du temps de l'époque qui l'est le plus.

(185) L'Æ du méridien, ou *heure sidérale*, s'obtient en ajoutant l'angle horaire de l'astre à son Æ, si l'astre est à l'Ouest du méridien, et en retranchant l'angle horaire de l'Æ augmentée, s'il le faut, de 24ʰ ou de 360°, si l'astre est à l'Est du méridien. On obtient aussi l'Æ du méridien, en ajoutant à l'heure astronomique d'un astre son Æ ; ou bien encore, en ajoutant l'Æ moyenne du ☉ au T. M. du lieu.

(186) Pour obtenir le T. M. du lieu, on retranche l'Æ moyenne du ☉ de l'Æ du méridien, augmentée de 24 heures, s'il est nécessaire.

(187) L'angle horaire de l'astre se calcule dans le triangle ZAP, où l'on connaît AP$=90° \pm$ déclinaison de l'astre, AZ complément de $H_v$, et PZ complément de la latitude.

(188) L'intervalle en T. M. serait le T. M. de Paris lui-même à la 2ᵉ époque, si, la 1ʳᵉ époque étant donnée, elle se trouvait être midi moyen de Paris (192).

(189) L'heure du chronomètre à midi est l'état même de ce chronomètre, quand il a le signe $+$ ; et c'est le complément à 24ʰ de cet état, quand il a le signe $-$. (166).

(190) Quand on a trouvé le T. M. ou le T. V., s'il diffère sensiblement du T. M. ou du T. V. présumé pour lequel les éléments du calcul avaient été préparés, on recommence le calcul.

(191) La hauteur vraie de l'astre se calcule dans le triangle ZAP, où l'on connaît l'angle horaire P, la distance polaire AP, et le complément de la latitude ZP.

(192) Si la première heure du chronomètre répond à midi, le nombre entier de jours écoulés est toujours la différence des dates, comptées astronomiquement ; mais dans tout autre cas, ce nombre entier de jours écoulés entre les deux époques pourra être, ou la différence même des dates astronomiques, ou cette différence diminuée d'une unité.

(193) L'angle horaire de l'astre est obtus, si la latitude du lieu et la déclinaison de l'astre sont de même dénomination ; dans le cas contraire, il est aigu.

(194) La position géographique d'un point du globe est déterminée par sa latitude et sa longitude.

(195) Un relèvement fait au compas se corrige comme une route sans dérive (30).

(196) Les positions apparentes de quelques étoiles sont données dans les Ephémérides marit., au bas des pages 80 à 91. Pour celles qui ne s'y trouvent pas, il faut avoir recours à la Connaissance des temps, ou bien, prendre, à la table XIII des Ephémérides, les positions moyennes, qui diffèrent en général fort peu des positions apparentes. (A partir de 1855, les positions apparentes de l'étoile polaire seront données pour toute l'année dans les Ephém. mar., table XIV.)

(197) La réfraction qui convient ici s'obtient en ajoutant à la réfraction moins la parallaxe du soleil, que donne la table II des Ephémérides maritimes, la parallaxe P du soleil, que l'on voit à côté ou en tête de la colonne qui la contient.

(198) Le changement moyen diurne en déclinaison s'obtient en prenant la moyenne des changements diurnes de la veille au jour et du jour au lendemain.

(199) Si le chronomètre a une marche, il faut corriger l'intervalle qu'il donne de la marche qui est proportionnelle à cet intervalle (211).

(200) Tous les logarithmes, sin., cos., tang., cot. peuvent être pris à cinq décimales, et les arcs en minutes entières, sans avoir égard aux secondes.

(201) L'équation des hauteurs correspondantes prend le signe —, quand l'astre se rapproche du pôle élevé, et le signe +, quand il s'en éloigne.

(202) Le T. M. du lieu au moment de midi vrai est l'équation du temps elle-même, réduite à ce moment, si elle a le signe +; et c'est son complément à 24 heures, si elle a le signe —.

(203) On donne ici à la partie proportionnelle un signe contraire à celui de la différence diurne.

(204 Cette différence des heures au chronomètre a le signe +, si la seconde est plus forte que la première, et le signe — dans le cas contraire. Elle n'est que de quelques minutes et, le plus souvent, de quelques secondes seulement. Ainsi, dans notre exemple, nous avons dù augmenter la première heure de 24, pour en retrancher la seconde.

(205) Quand il est midi à bord, l'heure correspondante de Paris est la longitude même du bord, réduite en temps, si elle est Ouest; mais si la longitude est Est, comme dans notre exemple, on la retranche de 24 heures et on diminue la date d'un jour (17).

(206) Ce 365e de la marche en un jour sidéral peut se prendre dans la table IX des Ephémérides maritimes; il est de même signe que la marche du chronomètre sur le T. M. en un jour sidéral.

(207) La marche du chronomètre sur le T. M. est toujours *absolument* plus grande en un jour moyen qu'en un jour sidéral.

(208) On retranche toujours *algébriquement* (11) la différence des heures de la pendule de la différence des heures au chronomètre.

(209) On fait ici une réduction (9) des deux marches.

(210) La marche proportionnelle à l'intervalle doit conserver ici le signe de la marche diurne du chronomètre.

(211) La marche proportionnelle à l'intervalle doit prendre ici un signe contraire à celui de la marche diurne du chronomètre.

(212) L'intervalle au chronomètre s'ajoute à l'heure qu'indique le chronomètre à la première époque, pour avoir l'heure qu'il indiquera à la seconde; et cet intervalle se retranche de l'heure qu'il indique à la seconde époque, augmentée, s'il le faut, de 24 heures, pour avoir l'heure qu'il a dù indiquer à la première.

(213) L'heure au chronomètre vaut le T. M. correspondant plus l'état, si cet état est positif, moins l'état, s'il est négatif. Ainsi, de ces trois choses, l'heure au chronomètre, son état et l'heure au T. M., deux étant données, la troisième s'en conclut immédiatement.

(214) On retranche l'heure de la première époque de l'heure de la seconde, celle-ci étant augmentée de 24 heures, s'il est nécessaire.

(215) On multiplie la marche diurne par le nombre entier des jours écoulés entre les 2 époques.

(216) L'intervalle de T. M. s'ajoute à l'heure T. M. de la première époque, pour avoir l'heure T. M. à la seconde; il se retranche au contraire de l'heure T. M. de la seconde époque, augmentée, s'il le faut, de 24 heures, pour avoir l'heure T. M. à la première.

(217) L'intervalle au chronomètre se retranche toujours de l'heure donnée au chronomètre, pour avoir l'heure qu'il a dù marquer au midi moyen précédent de Paris.

(218) Un intervalle se prend toujours en retranchant l'heure à la première époque de l'heure à la seconde, que l'on augmente de 24 heures, s'il est nécessaire.

(219) On réduit en temps le chemin fait en longitude (13) ; on lui donne le signe +, s'il a été fait vers l'Est, et le signe —, s'il a été fait vers l'Ouest.

(220) Les positions de quelques planètes, leurs passages au méridien de Paris, leurs demi-diamètres et leurs parallaxes horizontales sont donnés dans les Ephémérides maritimes, au bas des pages 80 à 91, pour celles de ces planètes dont les distances à la lune sont données dans ces mêmes pages.

(221) On trouve à la page 30 l'explication succincte de ce calcul qui est assez long.

(222) La partie du retard qui est proportionnelle à la longitude se retranche de celle qui est proportionnelle au nombre de jours écoulés depuis l'époque précédente, si la longitude est Est, comme dans le premier exemple ; si la longitude est Ouest, on suit la règle inverse, comme dans le second exemple.

(223) Le T. M. ou l'H. M. du passage de l'astre au méridien s'obtient en retranchant le *temps sidéral à midi moyen* ou Æ moyenne du soleil, de l'Æ de l'astre, augmentée de 24 heures, s'il est nécessaire.

(224) Si l'angle horaire P et la distance polaire AP sont de même espèce, le premier segment sera plus petit que 90° ; mais s'ils sont de différente espèce, le premier segment sera plus grand que 90°.

(225) Cette correction prend le signe —, si l'angle horaire est aigu, et le signe +, s'il est obtus.

(226) La marche du chronomètre sur le T. V. est la réduction (9) de sa marche sur le T. M., et de la marche du T. M. sur le T. V. qui n'est autre chose que le changement ou variation diurne de l'équation du temps (12).

(227) Le calcul trigonométrique donne toujours la latitude du lieu de la grande hauteur ; en sorte que si on veut, après cela, trouver la latitude du lieu de la petite hauteur, il faut :
1° Si la petite hauteur est à la seconde station, faire un point direct avec les milles et le rumb de la route suivie dans l'intervalle des observations ;
2° Si la petite hauteur est à la première station, faire un point rétrograde avec les milles faits et le rumb directement contraire à celui de la route.

(228) Il vaut mieux réduire la déclinaison du soleil au temps moyen de Paris déterminé par les distances, qu'au T. M. de Paris conclu du chronomètre.

(229) Si l'époque où l'on prend les distances suit celle où l'on a déterminé l'état du chronomètre, on donne à l'intervalle le signe + ; autrement, on lui donne le signe —.

(230) Le calcul de réduction de distance peut se faire ici avec des tables à 5 décimales seulement aux logarithmes et en ayant égard aux dixièmes de minute des arcs.

(231) La somme des parties aliquotes forme ce qu'on appelle la *partie proportionnelle*. Dans cette somme, dont chaque partie a été évaluée jusqu'aux dixièmes de l'approximation donnée par les Ephémérides maritimes, on néglige ces dixièmes, en forçant d'une unité s'ils surpassent 5. Ainsi, pour 48,4, on prend simplement 48, et pour 48,6, on prend 49 ; pour 48,5, il est indifférent de prendre 48 ou 49. La partie proportionnelle est toujours de même signe ou de même dénomination que le changement total.

(232) La considération des soixantièmes abrège souvent le calcul des parties aliquotes ; il faut se la rendre familière (3).

(233) On combine la partie proportionnelle, selon son signe ou sa dénomination (9), avec la valeur de l'élément qui répond à l'époque précédente, et l'on obtient l'élément *réduit* au T. M. de Paris.

(234) Ce produit ou correction, provenant de la différence seconde, est toujours de signe contraire à leur moyenne.

(235) La partie proportionnelle au temps se prend sur la seconde des trois différences premières.

(236) Des deux éléments des Ephémérides maritimes qui comprennent l'élément donné, on écrit celui qui répond à l'époque la moins avancée, et on en fait la différence avec l'élément donné pour avoir ce que nous appelons le *changement partiel*.

(237) La correction du temps est additive ou soustractive, selon que la seconde des différences premières et la moyenne des différences secondes sont de même ou de différente dénomination.

(238) Pour trouver le quatrième terme d'une proportion, on multiplie le second par le troisième et on divise leur produit par le premier ; *ou bien*, au complément arithmétique du logarithme du $_1$er terme (32), on ajoute les logarithmes du second et du troisième ; la somme, diminuée d'une dizaine à la caractéristique, est le logarithme du quatrième terme demandé : on le trouve par les tables.

(239) Cette latitude est celle du lieu de la grande hauteur ; en sorte que si, comme dans notre exemple, on demande la latitude du lieu de la petite, on doit tenir compte de la différence en latitude des deux stations (227).

(240) Pour se rendre compte de l'énoncé qui va suivre, il faut faire un quadrilatère ACBO dont l'angle ACB soit saillant, s'il est donné $<$ 180°, ou rentrant, s'il est $>$ 180° ; on tirera la diagonale CO.

(241) Pour obtenir l'arc D, on retranche la demi-somme que l'on vient de trouver de 180°.

(242) L'arc E est toujours moindre que l'arc D.

(243) Des deux angles A et B, l'un est la somme des arcs D et E, et l'autre en est la différence. Or, si 2M et D sont de même espèce, comme dans le premier exemple, A=D—E et B=D+E ; et si 2M et D sont de différente espèce, comme dans le second exemple, alors A=D+E, et B=D—E.

(244) Quand la longitude obtenue par le chronomètre est plus O ou moins E que la vraie, la correction à lui faire est E ; et quand la longitude par le chronomètre est moins O ou plus E que la vraie, la correction est O.

(245) Si l'époque pour laquelle on veut calculer les hauteurs est postérieure à celle du calcul d'angle horaire, leur intervalle doit s'ajouter au T. M. de Paris lors de l'angle horaire, pour avoir le T. M. de Paris correspondant au moment des hauteurs.

(246) Le premier intervalle est la différence des heures extrêmes pour chacune desquelles on a la hauteur de l'astre.
Le second intervalle est la différence entre la première heure donnée et l'heure intermédiaire.
Le premier changement en hauteur est la différence des deux hauteurs données de l'astre.

(247) Il peut se faire que la date de Paris pour le moment des hauteurs soit plus forte d'un jour que celle donnée pour le moment de l'angle horaire, et c'est ce qui arrive dans notre exemple. A Paris, au moment de l'angle horaire, il est à peu près le 5 vers 21ʰ, ce dont on juge en corrigeant

grossièrement à vue l'heure du chronomètre 21ʰ 54ᵐ...... de son état 0ʰ 56ᵐ..... Ces 21ʰ du 5, ajou-
tées à l'intervalle 9ʰ environ, donnent le 5 à 30ʰ ou le 6 à 6ʰ pour le T. M. approché de Paris. Ainsi, du 1ᵉʳ janvier jusqu'au moment des hauteurs, il y a 5 jours entiers d'écoulés, et non pas 4.

(248) Au lieu de calculer la distance OC à l'aide de AC, et des angles A et AOC, on pourrait le
faire d'une manière semblable, à l'aide de BC et des angles B et BOC.

(249) Des quatre éléments consécutifs que l'on tire des Ephémérides maritimes, les deux premiers répondent à des époques qui précèdent l'heure T. M. de Paris, et les deux autres à deux
époques postérieures à ce T. M. On n'a pas besoin d'écrire ces quatre éléments et leurs différences premières, qui sont toutes faites dans les Ephémérides ; et si on l'a fait ici, c'est uniquement
pour rendre plus intelligible la marche du calcul.

(250) On résout ici un premier problème de route (Nᵒ 1) en regardant le point relevé comme
point de départ, et le lieu où est le navire comme point d'arrivée.

(251) Le demi-diamètre de l'astre s'ajoute, quand on a pris la distance au bord le plus voisin ;
autrement, il se retranche.

---

## NOTE

### Sur le degré de précision qu'il est convenable de mettre dans les divers calculs d'Astronomie nautique et de Navigation,

#### eu égard à celui des données sur lesquelles ces calculs sont basés.

Quand les données d'un calcul numérique sont sûres, que le calcul fait sur ces données est
exact, le résultat auquel il conduit ne peut manquer de l'être aussi ; mais si les données ne sont
qu'approchées, ce qui arrive presque toujours dans les observations en mer, le résultat qui en dérive n'est lui-même qu'approché, quelque précision que l'on ait mis d'ailleurs dans le calcul qui y
a conduit. C'est alors une chose au moins inutile que de mettre dans ce calcul une précision que ses
bases ne comportent pas, et cette précision n'est raisonnablement admissible qu'aux examens, où
l'on peut exiger des candidats des résultats exacts, d'après des données supposées telles.

Quoique Bezout ait dit quelque part que les erreurs inévitables ne sont pas la mesure de celles
qu'on peut se permettre ; si les données n'ont qu'un certain degré de précision, il est presque toujours inutile de mettre, dans le calcul, une précision plus grande. Il y a plus ; on courrait le
risque, dans bien des cas, d'avoir un résultat plus éloigné de la vérité que si l'on se fût borné à
une approximation en rapport avec celle des données. Ce que nous avançons ici pourra de prime
abord paraître paradoxal à quelques-uns, mais l'exemple suivant en prouvera la vérité :

Soit proposé de trouver l'heure du passage de la lune au méridien d'un lieu situé par 120° 55' 48"
de longitude Est, le 8 d'un certain mois (on suppose, comme il est d'usage, que le mouvement
en ascension droite de la lune est uniforme dans l'intervalle d'un jour, ce qui n'est pas rigoureusement vrai).

Les passages de la lune au méridien de Paris sont donnés, dans la Connaissance des temps ou
les Ephémérides, en minutes entières ; on y néglige les secondes. Ainsi, en supposant, par exemple,

que les passages du 7 et du 8 soient exactement 8ʰ 18ᵐ 17ˢ,34 et 9ʰ 4ᵐ 21ˢ,21 , on écrit simplement dans le livre 8ʰ 18ᵐ et 9ʰ 4ᵐ ; or, avec ces passages, on pourra faire l'un des trois calculs ci-dessous :

| | | (1°) Calcul exact sur données exactes. | (2°) Calcul exact sur données approchées. | (3°) Calcul approché sur données approchées. |
|---|---|---|---|---|
| Passage de la ☽ à Paris , | le 7 , | 8ʰ 18ᵐ 17ˢ, 34 | 8ʰ 18ᵐ | 8ʰ 18ᵐ |
| *Id.* | le 8 , | 9 4 21, 21 ⁎ | 9 4 ⁎ | 9 4 ⁎ |
| Retard pour 360° de longitude , | | 46 3, 87 | 46 | 46 |
| Pour 120°, tiers de 360°, | | 15 21, 29 | 15ᵐ 20ˢ, 00 | |
| Pour 40', tiers du 60° de 120°, | | 5, 12 | 5, 11 | Pour environ 121° |
| Pour 10', quart de 40', | | 1, 28 | 1, 28 | de longitude, la par- |
| Pour 5', moitié de 10', | | 0, 64 | 0, 64 | tie proportionnelle |
| Pour 40", 60° de 40'..... 5ᵗ,12 , ou | | 0, 09 | 0, 09 | est environ le tiers |
| Pour 8", cinquième de 40", | | 0, 02 | 0, 02 | de 46ᵐ, qui est de |
| Pour 120° 55' 48" de longitude , | | — 15 28, 44 ⁎ | — 15 27, 14 ⁎ | — 15 ⁎ |
| Passage de la ☽ au lieu, le 8 à | | 8. 48 52, 77 | 8 48 32, 86 | 8 49 |

1° En faisant exactement et d'après les données exactes le calcul de la partie du retard qui est proportionnelle à la longitude , on trouve , pour passage de la lune au lieu , 8ʰ 48ᵐ 52ˢ, 77.

2° En faisant exactement et d'après les données du livre , qui ne sont qu'approchées , le calcul de la partie proportionnelle , on trouve , pour passage approché , 8ʰ 48ᵐ 32ˢ, 86.

3° En faisant le calcul de la partie proportionnelle en minutes entières , c'est-à-dire , au même degré de précision que les données du livre , on trouve pour passage 8ʰ 49ᵐ. Or, 8ʰ 49ᵐ est bien plus près du passage exact 8ʰ 48ᵐ 52ˢ,77 que ne l'est 8ʰ 48ᵐ 32ˢ,86 ; d'où l'on voit qu'en faisant un calcul approché sur des données qui ne sont qu'approchées , le résultat se trouve ici plus près de la vérité que n'est celui obtenu par un calcul exact fait sur des données simplement approchées.

Nous fondant sur ce qui vient d'être constaté , et sur ce que le marin à bord ne veut faire de *chiffres* que ce qui lui est nécessaire pour arriver à son but , nous lui conseillons de mettre dans ses calculs une précision qui soit en rapport avec celle des données sur lesquelles il s'appuie , et avec celle des instruments ou des tables dont il se sert pour les effectuer.

Par exemple : les problèmes généraux de navigation et le point composé, résolus en dixièmes de milles ou de minutes , à l'aide des tables de point ou du quartier de réduction , le sont à une approximation déjà plus que suffisante , car les données tirées de l'expérience du loch et de la lecture au compas de route sont loin d'assurer cette précision : et quand bien même ces données seraient rigoureusement bonnes , les moyens de résolution que nous venons de citer assurant à peine les dixièmes , tout le calcul doit être fait en s'y arrêtant. Il faut , de plus , se rappeler que , dans le résultat final , les dixièmes eux-mêmes ne sont pas sûrs.

Les observations de couchers et de levers des astres ne sont jamais parfaitement d'accord avec les résultats d'un calcul rigoureux , à cause de l'incertitude des réfractions près de l'horizon ; ainsi , il sera très-suffisant de s'en tenir ici aux minutes de degré. (Voyez , d'ailleurs , ce qu'on dit de ces calculs , au renvoi 72).

Les calculs de passage au premier vertical ou à l'angle de position droit ne se faisant ordinairement que pour se préparer à prendre une série de hauteurs dans les circonstances favorables à la détermination de l'heure , on les fera en minutes entières.

Même recommandation pour les calculs de variation et ceux de marées.

**FIN.**

# APPENDICE.

## AIRES ET VOLUMES.

Le *Mètré* ou mesurage au mètre des aires et des volumes que la géométrie élémentaire considère , étant maintenant une des connaissances exigées des Candidats au Long-Cours et au Cabotage , nous avons fait ce supplément à nos Types , afin qu'ils trouvent dans un seul livre des exemples de tous les calculs demandés.

Pour étudier avec fruit les règles que nous allons exposer , il faut entrer dans le détail des opérations dont nous ne donnons que les résultats; et pour cela , il faut s'être rendu familière la pratique des quatre règles sur les nombres décimaux.

Nous ferons usage des abréviations suivantes :

| m | mètre. | d | décimètre. | c | centimètre. | m | millimètre. |
|---|---|---|---|---|---|---|---|
| mm | mètre carré. | dd | décimètre carré. | cc | centimètre carré. | mm | millimètre carré. |
| mmm | mètre cube. | ddd | décimètre cube. | ccc | centimètre cube. | mmm | millimètre cube. |

### Unité de longueur.

(1) L'unité de longueur se nomme *mètre* ; c'est la dix-millionième partie du quart du méridien terrestre. Il vaut 443,296 lignes , ce qui fait 37 pouces à moins d'une ligne près.

(2) Le mètre vaut 10 décimètres; le décimètre , 10 centimètres; le centimètre , 10 millimètres ; et ainsi de suite de 10 en 10. D'après cela , il est facile de comprendre que 0,237 m peut s'énoncer 2 d , 3 c , 7 m , ou 2,37 d , ou 23,7 c , ou enfin 237 m ; de même , quand on a 4,2089 m , on peut énoncer 4 m , 2 d , 8 m , 9 dix-m , ou 42,089 d , ou 420,89 c , ou 4208,9 m , ou enfin 42089 dix-m., etc.

### Unité d'aire ou de surface.

(3) L'unité d'aire est le *mètre carré* ; c'est l'aire d'un carré dont le côté est un mètre.

(4) Le mètre carré vaut 100 décimètres carrés; le décimètre carré , 100 centimètres carrés; le centimètres carré , 100 millimètres carrés; et ainsi de suite de 100 en 100. D'après cela , il est facile de comprendre (en formant , par la pensée , des tranches de deux chiffres à partir de la virgule décimale) que 0,423706 mm peut s'énoncer 42 dd , 37 cc , 6 mm , ou 42,3706 dd , ou 4237,06 cc , ou enfin 473706 mm.

Si la dernière tranche de droite ne se trouvait avoir qu'un chiffre, on la compléterait par un zéro. Ainsi , 411,37036 mm étant la même chose que 411,370360 mm , peut s'énoncer 411 mm , 37 dd , 3 cc , 60 mm ; ou bien encore , 41137,036 dd , ou 4113703,6 cc , ou enfin 411370360 mm , etc.

### Unité de volume.

(5) L'unité de volume est le *mètre cube* ; c'est le volume d'un cube dont le côté est un mètre.

(6) Le mètre cube vaut 1000 décimètres cubes ; le décimètre cube, 1000 centimètres cubes ; le centimètre cube, 1000 millimètres cubes ; et ainsi de suite de 1000 en 1000. D'après cela, il est facile de comprendre (en formant, par la pensée, des tranches de trois chiffres à partir de la virgule décimale) que 19,423706912 mmm peut s'énoncer 19 mmm, 423 ddd, 706 ccc, 912 mmm ; ou bien encore, 19423,706912 ddd, ou 19423706,912 ccc, ou enfin 19423706912 mmm.

Si la dernière tranche de droite ne se trouvait pas avoir trois chiffres, on la compléterait par un ou deux zéros. Ainsi, 10,4173 mmm étant la même chose que 10,417300 mmm, peut s'énoncer 10 mmm, 417 ddd, 300 ccc, ou bien 10417,3 ddd, ou enfin 10417300 ccc ; de même, 9,31 ddd étant la même chose que 9,310 ddd, peut s'énoncer 9 ddd, 310 ccc, ou 9310 ccc, etc.

### Circonférence.

(7) Le diamètre valant deux rayons, le rayon est la moitié du diamètre.

(8) On n'a que d'une manière approchée le rapport de la circonférence au diamètre. Ce rapport, que l'on désigne par la lettre grecque $\pi$ (prononcez *pi*), vaut environ 22/7 ou 3,14, ou, plus exactement, 3,1415926 ; son logarithme est 0,4971499.

Dans nos calculs, nous supposerons $\pi=3,1416$, dont le log. est 0,49715.

(9) *Quand le diamètre est connu, pour avoir la circonférence*, on le multiplie par $\pi$. Ainsi, que le rayon d'un cercle soit 4,2, son diamètre sera 8,4 (7), et sa circonférence vaudra $8,4 \times \pi$, ou $8,4 \times 3,1416$, ce qui fait 26,38944.

(10) *Quand la circonférence est connue, pour avoir le diamètre*, on la divise par $\pi$. Ainsi, que la circonférence d'un cercle soit 27,8, son diamètre vaudra 27,8 divisé par $\pi$ ou par 3,1416, ce qui fait 8,849 ; sa moitié 4,4245 est le rayon (7).

---

### § 1er. Mesure des aires ou surfaces.

(11) *Aire de carré.* Multipliez son côté par lui-même.

Par exemple : si le côté du carré est 3,21 m, son aire vaudra $3,21 \times 3,21 = 10,3041$ mm, ou 10 mm, 30 dd, 41 cc.

(12) *Aire de parallélogramme ou de rectangle.* Multipliez sa base par sa hauteur.

Par exemple, si sa base est 4,25 m et sa hauteur 4,4 m, son aire vaudra $4,25 \times 4,4 = 18,7$ mm, ou 18 mm, 70' dd.

(13) *Aire de triangle.* Faites la moitié du produit de sa base par sa hauteur.

Par exemple, si sa base est 4,25 m et sa hauteur 3,3 m, son aire vaudra la moitié de $4,25 \times 3,3$, ce qui fait 7,0125 mm, ou 7 mm, 1 dd, 25 cc.

(14) *Aire de trapèze.* Faites la moitié du produit de la somme de ses bases par sa hauteur.

Par exemple, si ses bases sont 93 c et 64 c, et sa hauteur 49 c, multipliez 157 c somme des bases par 49 c, puis divisez par 2 ; vous aurez l'aire 3846,5 cc, ou 38 dd, 46 cc, 50 mm.

(15) *Aire de polygone quelconque.* Décomposez ce polygone en triangles ; mesurez les aires de chacun ; puis, faites-en une somme.

(16) *Aire de polygone régulier.* Faites la moitié du produit de son périmètre ou contour par son apothème.

Par exemple, si le polygone régulier est un pentagone (figure de cinq côtés) dont le côté est 17 d ou 170 c et l'apothème 117 c, son périmètre sera cinq fois 170 c ou 850 c, et l'aire vaudra 1/2 de $850 \times 117$ ou 49725 cc, ou 4 mm, 97 dd, 25 cc.

(17) *Aire de cercle.* Faites la moitié du pro-

duit de son contour ou circonférence par son rayon.

**Premier Exemple.** Si le diamètre d'un cercle est 8,4 m, sa circonférence vaudra 26,38944 (9), et son rayon, 4,2 (7) ; l'aire de ce cercle vaudra 1/2 de 26,38944×4,2=55,4177 mm, ou 55 mm, 41 dd, 77 cc.

**Second Exemple.** Si la circonférence d'un cercle est 2,78 m, son diam. vaudra 0,8849 m (10), et son rayon, 0,44245 (7) ; l'aire du cercle sera 1/2 de 2,78×0,44245, ou 0,6150 mm, ou 61 dd, 50 cc.

(18) *Aire de couronne circulaire.* Prenez le quart du produit de π par la différence des carrés du grand et du petit diamètre.

Par exemple, si le grand diamètre est 0,71 et le petit 0,50,

| | |
|---|---|
| le carré du grand sera 0,71×0,71 ou | 0,5041 |
| le carré du petit 0,5 ×0,5 | 0,25 |
| la différence de ces carrés, | 0,2541 |

et l'aire de la couronne vaudra 1/4 de π×0,2541, ce qui fait 0,199570 ou 19 dd, 95 cc, 70 mm.

(19) *Aire d'un secteur de cercle.* 1° Faites la moitié du produit de son arc par le rayon; ou, 2° multipliez l'aire entière du cercle dont il fait partie par le rapport de l'angle du secteur à 360°.

**Premier Exemple.** La longueur de l'arc est 2,34 et celle du rayon 3,1, l'aire du secteur vaudra 1/2 de 2,34×3,1, ce qui fait 3,627, ou 3 mm, 62 dd, 70 cc.

**Second Exemple.** L'angle ou l'arc du secteur est de 54°, et le rayon, 4,2 m ; il faudra prendre les 54/360 ou les 3/20 de l'aire du cercle dont le rayon est 4,2. Or, l'aire de ce cercle est 55,4177 (17, 1ᵉʳ exemple) ; en prenant les 3/20, on trouve, pour l'aire du secteur, 8,3127 mm, ou 8 mm, 31 dd, 27 cc.

(20) *Aire d'un segment de cercle.* Faites une différence de l'aire du secteur (19) et de l'aire du triangle (13) formé par la corde du secteur et les deux rayons qui y aboutissent.

#### Mesure de l'aire des corps.

(21) *Aire de corps quelconque à faces planes ou de polyèdre.* Mesurez l'aire de chaque face en particulier d'après les règles données précédemment, puis faites une somme.

(22) *Aire de prisme ou de cylindre oblique quelconque.* Multipliez son côté par le contour de la section faite perpendiculairement à ce côté.

(23) *Aire de prisme ou de cylindre droit.* Multipliez son côté ou sa hauteur par le contour de sa base, quelle qu'elle soit.

Par exemple, si un cylindre droit circulaire a 9,3 m de hauteur et 11,3 m de diamètre, il aura (9) 11,3×π ou 35,5 m de circonférence ou contour, et son aire sera 35,5×9,3, ce qui fait 330,15 mm ou 330 mm, 15 dd.

(24) *Aire de pyramide régulière ou de cône droit.* Faites la moitié du produit du contour de sa base par son côté ou apothème.

Par exemple, si un cône droit a 0,339 m pour rayon de sa base et 0,56 m pour côté, le contour ou circonférence de la base sera 2 fois 0,339×π (9), ce qui fait 2,13, et l'aire du cône vaudra 1/2 de 2,13×0,56 ou 0,5964 mm, ou 59 dd, 64 cc.

(25) *Aire de tronc de pyramide régulière, ou de tronc de cône droit.* Faites la moitié du produit du côté ou apothème du tronc par la somme des contours des bases.

**Premier Exemple.** Que les contours des bases soient 5,4 et 2,9 m, et le côté du tronc, 2,2 m. La somme des contours des bases sera 8,30 m, et l'aire du tronc vaudra 1/2 de 8,30×2,2, ce qui fait 9,13 mm ou 9 mm, 13 dd.

**Second Exemple.** Que les diamètres d'un tronc de cône droit soient 0,4 m et 0,3 m, et son côté, 0,74 m. La somme des diamètres est 0,7 m ; en les multipliant par π, on obtient 2,2 pour la somme des circonférences des bases (9), et l'aire du tronc vaut la moitié de 2,2×0,74, ce qui fait 0,814 mm ou 81 dd, 40 cc.

(26) *Aire de la sphère.* Multipliez la circonférence d'un grand cercle par le diamètre.

**Premier Exemple.** Si le diamètre vaut 0,904 m, la circonférence sera 0,904×π (9), ou 2,84 m ; l'aire vaudra 2,84×0,904, ce qui fait 2,56736 mm ou 2 mm, 56 dd, 73 cc, 60 mm.

**Second Exemple.** Si la circonférence est 2,13, le diamètre vaudra 2,13 divisé par π (10), ce qui fait 0,678 ; et l'aire de la sphère vaudra 2,13× 0,678=1,44414, ou 1 mm, 44 dd, 41 cc, 40 mm.

(27) *Aire de fuseau sphérique.* Évaluez l'aire entière de la sphère dont il fait partie, et multipliez-la par le rapport de l'angle du fuseau à 360°.

**Exemple.** L'angle du fuseau est de 50°, et le diamètre de 0,904 m.

L'aire entière de la sphère est alors 2,56736 mm (26, 1ᵉʳ exemple) ; prenez-en les 50/360 ou les 5/36, vous aurez l'aire du fuseau 0,35658 mm, ou 35 mm, 65 dd, 80 cc.

(28) *Aire de calotte ou de zône sphérique.* Multipliez sa hauteur par la circonférence du grand cercle de la sphère dont elle fait partie.

**Exemple.** La zône ou la calotte fait partie d'une sphère de 4,2 m de rayon, et sa hauteur est 1,5 m.

La circonférence d'un grand cercle vaudra 2

fois 4,2×π (9), ce qui fait 26,4 м ; l'aire sera = 26,4×1,5=39,6 мм , ou 39 мм , 60 dd.

(29) *Aire de triangle sphérique.* Prenez l'excès de la somme des trois angles sur 180°, et multipliez l'aire entière de la sphère dont ce triangle fait partie par le rapport de cet excès à 720°.

EXEMPLE. Un triangle , tracé sur une sphère de 0,452 м de rayon , a pour angles 79°, 80° et 91°. On demande son aire.

La somme de ses angles , qui est 250° , excède 180° de 70°. Il faudra prendre les 70/720 ou les 7/72 de la sphère ; or, nous savons (26 , 1er ex.) que l'aire de cette sphère est 2,56736 мм , dont les 7/72 font 0,2496 мм. Ainsi, l'aire du triangle est 0 мм, 24 dd, 96 cc.

---

## § II. — Volume des corps.

(30) *Volume d'un cube.* Faites le produit de trois facteurs égaux à son côté.

Par exemple, si le côté est 41 d, le volume sera 41×41×41 , ou 68821 ddd=68 мм 821 ddd.

(31) *Volume de parallélipipède rectangle.* Faites le produit de ses trois dimensions.

Par exemple , si les trois dimensions sont 0,91 м, 1,3 м et 2,22 м, le volume sera 0,91×1,3 ×2,2 , ce qui fait 2,62626 мм , ou 2 мм , 626 ddd , 260 ccc.

(32) *Volume de prisme ou de cylindre.* Multipliez l'aire de sa base par sa hauteur.

PREMIER EXEMPLE. Qu'un prisme ait pour aire de sa base 0,054 мм et pour hauteur 1,41 м , son volume vaudra 0,054×1,41 , ou 0,07614 мм, ou 76 мм, 140 ccc.

SECOND EXEMPLE. Qu'un cylindre ait 8,4 м de diamètre de base et 15 м de hauteur, l'aire de sa base sera (17, 1er exemple) 55,4177 мм , et son volume vaudra 55,4177×15 , ou 831,266 мм, ou 831 мм, 266 ddd.

TROISIÈME EXEMPLE. Qu'un cylindre ait 2,78 de circonférence et 0,6 de hauteur, l'aire de sa base sera (17, 2e exemple) 0,6150 , et le volume vaudra 0,6150×0,6 , ou 0,369 мм, ou 369 ddd.

(33) *Volume de pyramide ou de cône.* Prenez le tiers du volume du prisme ou du cylindre de même base et de même hauteur.

PREMIER EXEMPLE. Qu'une pyramide ait pour aire de sa base 0,054 мм , et pour hauteur 1,41 , le volume du prisme qui a ces dimensions étant 0,07614 (32 , 1er exemple) , celui de la pyramide sera le tiers de 0,07614 , ou 0,02538 мм, ou 25 ddd , 380 ccc.

SECOND EXEMPLE. Le diamètre de la base d'un cône est 8,4 м , et sa hauteur 15 м.

Le volume du cylindre qui a ces dimensions étant 831,266 (32, 2e exemple) , celui du cône en sera le tiers , qui est 277,089 мм, ou 277 мм , 089 ddd.

TROISIÈME EXEMPLE. La circonférence de la base d'un cône est 2,78 м , et sa hauteur 0,6 м.

Le volume du cylindre qui a ces dimensions étant 369 ddd (32 , 3me exemple) , celui du cône en sera le tiers , qui est 123 ddd.

### Corps tronqués.

(34) *Volume de cylindre droit tronqué,* ou *de prisme droit régulier tronqué.* Multipliez l'aire de sa base par la longueur de l'axe du tronc.

(35) *Volume de prisme triangulaire droit tronqué.* Prenez le tiers du produit de l'aire de sa base par la somme des trois arêtes parallèles.

Par exemple , si l'aire de la base est 4,44 мм , et que les trois arêtes soient 4,3 м , 8 м et 5,2 м , la somme des trois arêtes faisant 17,5 м , le volume du corps sera 1/3 de 4,44×17,5 , ce qui fait 25,9 мм, ou 25 мм, 900 ddd.

(36) *Volume de parallélipipède droit tronqué.* Prenez le quart du produit de l'aire de sa base par la somme des quatre arêtes parallèles.

Par exemple , si les arêtes sont 8,3 м , 7 м , 6,45 м et 5,15 м , et que le parallélogramme de base ait 4,95 м et 2 м pour dimensions, la somme des quatre arêtes sera 26,9 ; l'aire de la base sera (12) 4,95×2, ou 9,9 мм , et le volume vaudra 1/4 de 9,9×26,9 , ce qui fait 66,5775 мм, ou 66 мм, 577 ddd , 500 ccc.

(37) *Volume de tronc de pyramide,* ou *de tronc de cône, à bases parallèles.* Suivez cette règle :

Cherchez une moyenne géométrique entre les aires des deux bases , ce qui se fait en extrayant la racine carrée de leur produit ; faites une somme de cette moyenne et des deux bases , puis prenez le tiers du produit de cette somme par la hauteur.

EXEMPLE. Si les aires des bases sont 1,50 мм et 6 мм , et la hauteur du tronc 4,5 м, la moyenne géométrique entre 1,50 et 6 est la racine carrée de 6×1,50 ou de 9,qui est 3. Faisant une somme de cette moyenne 3 мм , et le tiers de 10,50×4,5 , qui fait 15,750 мм ; est le volume du tronc , volume=15 мм, 750 ddd.

*N. B.* S'il s'agissait d'un tronc de cône dont la hauteur et les diamètres des bases seraient donnés, au lieu de chercher les aires des deux bases (17), il serait plus simple d'agir comme suit :

On ferait une somme du produit des deux diamètres et du carré de chacun d'eux ; on la multiplierait par la hauteur, puis par 0,2618 qui est 1/12 de π : on aurait le volume.

Par exemple : Que la hauteur soit 2,7 m, et les diamètres des bases, 2,5 et 4 m.

Le produit des deux diam.=2,5×4, ou 10,00
Le carré du premier 2,5 est 6,25
Le carré du second 4, 16,00
La somme fait 32,25

Le produit de cette somme par la hauteur 2,7 est 87,075 que l'on multiplie par 0,2618, et l'on obtient le volume du tronc=22,796235 mmm, ou 22 mmm, 796 ddd, 235 ccc.

**(38) Volume de la Sphère.** Prenez le tiers du produit de son aire par son rayon.

Premier Exemple. Le diamètre vaut 0,904.

On a trouvé (26, 1er exemple) que, dans ce cas, son aire vaut 2,56736 (26, 1er ex.), et son rayon, 0,452 (7) ; son volume sera 1/3 de 2,56736×0,452, ce qui fait 0,386815 mmm, ou 386 ddd, 815 ccc.

Second Exemple. On donne la circonférence =2,13.

On a trouvé (26, 2e exemple) que, dans ce cas, l'aire de la sphère vaut 1,44414, et son rayon, 0,339 m (10) ; le volume sera donc le tiers de 1,44414×0,339, qui fait 0,163,878 mmm, ou 163 ddd, 187 ccc, 800 mmm.

**(39) Volume de coin sphérique.** Multipliez le volume de la sphère dont il fait partie par le rapport de son angle à 4 angles droits ou 360°.

Exemple. L'angle du coin est de 75°, et le diamètre de la sphère 0,904.

On a trouvé (38, 1er exemple) que, dans ce cas, le volume de la sphère entière vaut 0,386815 ; on en prend les 75/360 ou les 5/24, et l'on obtient pour volume du coin 0,080586 mmm, ou 80 ddd, 586 ccc.

**(40) Volume de pyramide sphérique ou de secteur sphérique.** Prenez le tiers du produit de l'aire de la base par le rayon.

Premier Exemple. Une pyramide triangulaire sphérique a pour rayon ou arête 0,452 m ; les angles du triangle de base sont 79°, 80° et 91°. Quel est son volume ?

On a trouvé (29), pour aire du triangle sphérique de base, 0,2496 mm. Le volume du corps vaut donc le tiers de 0,2496×0,452, ce qui fait 0,037606 mmm, ou 37 ddd, 606 ccc.

Second Exemple. Un secteur sphérique, dont le côté ou rayon est de 4,2, a pour base une calotte ayant 1,5 de hauteur. Quel est son volume ?

On a trouvé (28) que l'aire de cette calotte vaut 39,6 mm. Le volume du corps vaudra donc 1/3 de 39,6×4,2, ce qui fait 55,44 mmm, ou 55 mmm, 440 ddd.

**(41) Volume de segment sphérique à deux bases, ou tranche sphérique.** Ajoutez le carré de la hauteur à trois fois le carré de chaque base ; multipliez la somme obtenue par la hauteur, puis par 0,5236 qui est 1/6 de π.

Exemple. 1,3 m est la hauteur, 2,24 et 3,20 m sont les rayons des bases.

Carré de la hauteur 1,30, 1,6900
Carré de 2,24=5,0176 ; le triple, 15,0528
Carré de 3,20=10,24 ; le triple, 30,7200
Somme des trois nombres, 47,4628
qu'on multiplie par la hauteur 1,30

On obtient pour produit 61,70164
qu'on multiplie enfin par 0,5236, et l'on obtient le volume du corps 32,306979 mmm, ou 32 mmm, 306 ddd, 979 ccc.

**(41) Volume de segment sphérique, à une seule base.** Même règle que ci-dessus.

Exemple. Soit 3,6 m le diamètre de la base du segment, et 0,9 m sa hauteur. On demande son volume.

Le diamètre étant 3,6, le rayon est 1,8.
Carré de la hauteur 0,9, 0,81
Carré du rayon 1,8=3,24 ; le triple, 9,72
On multiplie la somme qui est de 10,53
par la hauteur 0,9 ; on obtient 9,477
qu'on multiplie enfin par 0,5236
et l'on trouve pour volume du corps 4,962157 mmm ou 4 mmm, 962 ddd, 157 ccc.

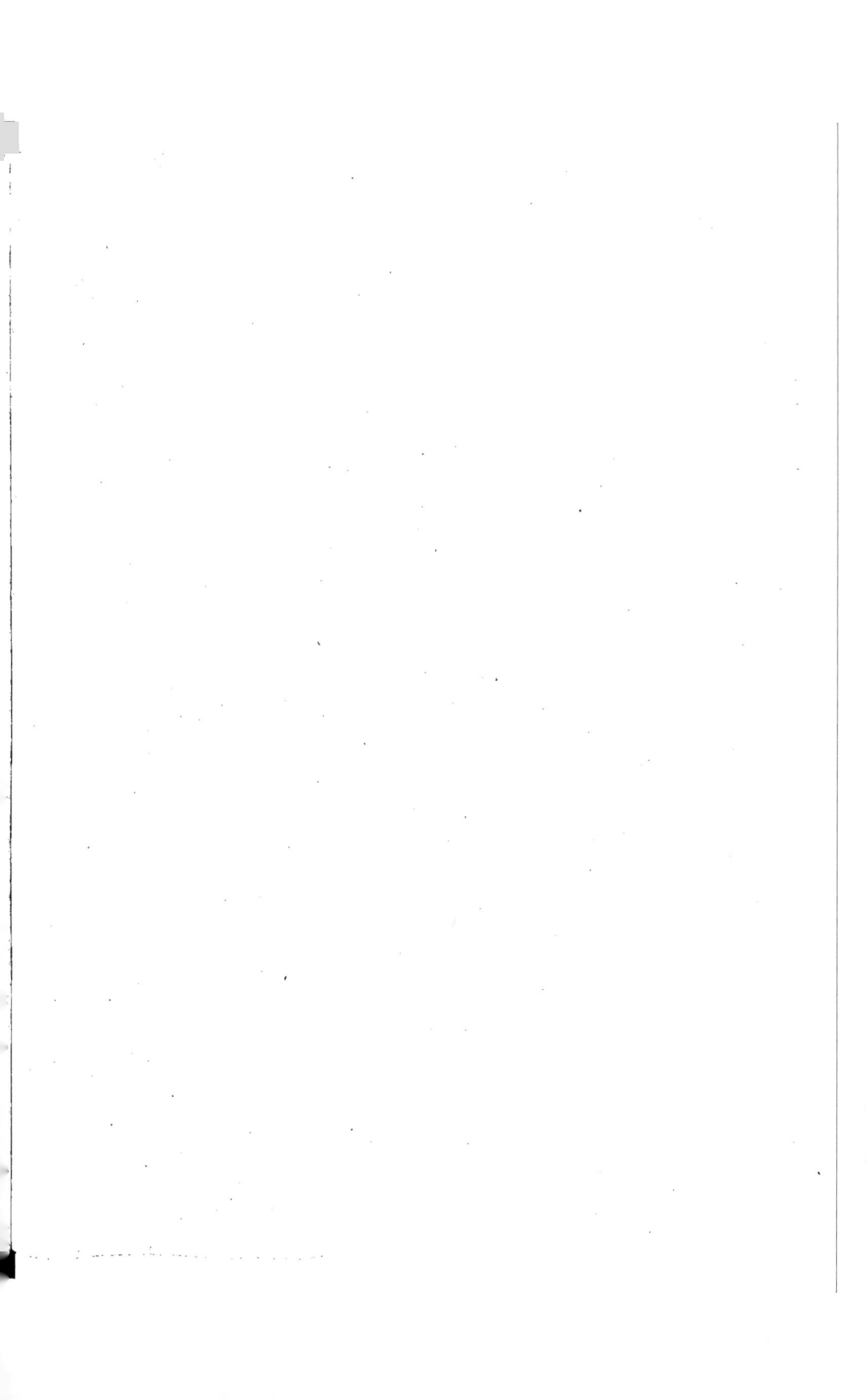

www.ingramcontent.com/pod-product-compliance
Lightning Source LLC
Chambersburg PA
CBHW050613210326
41521CB00008B/1240